Josef Rattner
Gerhard Danzer

Persönlichkeit braucht Tugenden
Positive Eigenschaften für eine moderne Welt

Josef Rattner
Gerhard Danzer

Persönlichkeit braucht Tugenden

Positive Eigenschaften für eine moderne Welt

Prof. Dr. med. et phil., Dr. phil. h.c. Josef Rattner
Institut für Tiefenpsychologie
Eichenallee 6
14050 Berlin

Prof. Dr. med. et phil. Gerhard Danzer
Medizinische Klinik mit Schwerpunkt Psychosomatik
Charité Campus Mitte
Luisenstraße 13a
10117 Berlin
und
Ruppiner Kliniken
Fehrbelliner Str. 38
16816 Neuruppin

ISBN-13   978-3-642-16990-8   Springer-Verlag Berlin Heidelberg New York

Bibliografische Information der Deutschen Nationalbibliothek.
Die Deutsche Nationalbibliothek verzeichnet diese Publikation in der Deutschen Nationalbibliografie; detaillierte bibliografische Daten sind im Internet über http://dnb.d-nb.de abrufbar.

SpringerMedizin
Springer-Verlag GmbH
ein Unternehmen von Springer Science+Business Media
springer.de

© Springer-Verlag Berlin Heidelberg 2011

Planung: Renate Scheddin, Heidelberg
Projektmanagement: Renate Schulz, Heidelberg
Lektorat: Dr. Astrid Horlacher, Dielheim
Umschlaggestaltung: deblik Berlin
Coverbild: © Ralf-Udo Thiele, fotolia.com
Satz: Crest Premedia Solutions (P) Ltd., Pune, India

SPIN: 80026914

Gedruckt auf säurefreiem Papier   18/5135 – 5 4 3 2 1 0

Vorwort

Im *West-östlichen Diwan* verkündete Goethe die Botschaft, dass man zu allen Zeiten gewusst habe, dass das höchste Glück der Erdenkinder die Persönlichkeit sei. Es sei jedes Leben möglich geführt zu werden, solange man bleibe, was man ist. Diese Worte legte er seiner Identifikationsfigur Hafis (1327–1390) in den Mund, der im persischen Mittelalter den Wein, die Liebe und die Schönheit der Natur besang und die Heuchelei und das Philistertum bekämpfte.

Man hat das erwähnte Programm Goethes oft nachgesprochen, aber realisiert hat man es sowenig wie möglich. Daher darf dieses Postulat auch heute noch immer wieder den Zeitgenossen in Erinnerung gerufen werden. Was die Menschen brauchen, sind nicht allein materielle und technische Erfolge, sondern in erster Linie die Personwerdung, von welcher die Zukunft der Kultur abhängt.

Nun lehrt uns die moderne Psychologie, dass Personalität zwar eine innere Einheit darstellt, aber gleichwohl strukturell aus einer Reihe von Elementen aufgebaut wird. Die vorliegende Studie untersucht diese Struktureinheiten der Person und will sie durch minutiöse Darlegungen für Erziehung und Selbsterziehung fruchtbar machen.

Wir empfehlen unseren Text als Einführung in das tiefenpsychologische Denken und lebenskundige Wissen und Gestalten. Die anthropologischen Gesichtspunkte wurden stark berücksichtigt, und wer Interesse an Ethos und Moral hat, wird bei uns ebenfalls wichtige Anregungen finden. Wir haben seit jeher den Sinn der Forschung innerhalb der Tiefenpsychologie in erster Linie in der Entfaltung von Selbst- und Menschenkenntnis verankert. Davon legen unsere Ausführungen Zeugnis ab, deren Erfahrungsbasis die Resultate von Psychologie, Psychohygiene und Psychotherapie umfasst.

Josef Rattner und Gerhard Danzer
Berlin, im Sommer 2011

Inhaltsverzeichnis

Arbeitsfähigkeit

1

Es ist ein merkwürdiges Phänomen, dass in der Psychoanalyse häufig die Probleme des Liebeslebens und der Sexualität abgehandelt wurden, indes Fragen von Arbeitsfähigkeit, Arbeitstechnik und Arbeitsstörungen nur am Rande tiefenpsychologischer Überlegungen und Falldarstellungen auftauchen. Das war sicherlich ein Mangel; aber nach und nach erkannten auch die Psychoanalytiker, dass die Arbeit im Menschenleben mindestens ebenso wichtig ist wie die Liebe.

Die Liebe ist das romantischere Phänomen; das menschliche Dasein gründet jedoch überwiegend in der Prosa des Alltags, und darum gehören die Probleme der Arbeit immer auch zum Interessenbereich einer lebensnahen Psychologie.

Der Begriff In der Folge wollen wir den Charakterzug der Arbeitsfähigkeit genauer schildern und ihn in seiner neurosenpsychologischen sowie kulturellen Bedeutung würdigen. Das *Wörterbuch der Psychologie* von Wilhelm Hehlmann definiert folgendermaßen:

» **Arbeit**, planmäßige und mit Dauergerichtetheit betriebene Zwecktätigkeit. Ziel ist die Schaffung, Erhaltung und Förderung wirtschaftlicher, sozialer und anderer Werte; die Antriebe stammen meist aus dem Streben nach Bedürfnisbefriedigung (sekundäre Bedürfnisse), teils jedoch aus dem Werkstreben und der inneren Verpflichtung zu einer Aufgabe. Vor allem aus den beiden letzten resultiert die Arbeitsfreude. Die Arbeitshaltung, das heißt die selbstverständliche Bereitschaft zur Arbeit ohne jedesmaligen Entschluss hat der Mensch erst spät erworben. Im Gegensatz zur Arbeit steht (neben Spiel, Feier und Muße) die Beschäftigung, welcher die Dauergerichtetheit oder die Planmäßigkeit abgeht (Hehlmann 1968, S. 30). **«**

Und da auch die Philosophen viel über dieses Problem ausgesagt haben, konsultieren wir zusätzlich ein *Philosophisches Wörterbuch*:

» **Arbeit** als ethisches Phänomen soviel wie »Einsatz, Aufwand, Drangeben: die Person setzt sich ein, wendet Kraft auf, gibt ihre Energie dran. Die Arbeit will vollbracht, geschafft sein. Sie stößt nicht nur auf den Widerstand der Sache, sie ringt ihm auch das Erstrebte erst ab. … Die Tendenz des Menschen geht dahin, über die Arbeit hinauszuwachsen, ihrer Herr zu werden. Er erfährt also ständig in seiner Arbeit sowohl sich selbst als auch die Sache: sich selbst in der Spontaneität eingesetzter Energie, der physischen wie der geistigen, die Sache in ihrem Widerstand gegen diese. Beides ist unaufhebbar aneinander gebunden, und beides ist Realitätserfahrung« (Nicolai Hartmann, *Zur Grundlegung der Ontologie*. Zit. aus Schischkoff 1978, S. 34). **«**

Dasselbe Wörterbuch spielt uns auch einen Begriff zu, der für unsere weiteren Ausführungen noch belangvoll zu werden verspricht, nämlich:

» **Arbeitsethos**, ein der menschlichen Arbeit als solcher, abgesehen von ihrem Zweck zugeschriebener sittlicher Wert. Allerdings taucht der Begriff vorzugsweise dort auf, wo der Sinn der Arbeit als einer Gemeinschaftsfunktion bedroht ist: Es wird dann versucht, ihn durch Betonung des Arbeitsethos wiederherzustellen (so zum Beispiel in Diktaturen; »Helden der Arbeit«). Auch die Unterbewertung der geistigen und künstlerischen Arbeit in der kapitalistisch-technischen Gesellschaft soll durch Hinweis auf das ihr innewohnende Arbeitsethos kompensiert werden. – Im außerchristlichen Raum ist der Begriff Arbeitsethos unbekannt. Dort gilt die Arbeit, wenn nicht als Fluch, so doch als das, was das Leben zur Last macht und den Menschen hindert, sich um sich selbst zu kümmern (Schischkoff 1978, S. 34). **«**

Der Begriff in der Psychoanalyse Sigmund Freud war sich der Bedeutung der Arbeitsfähigkeit für die seelische Gesundheit wohl bewusst; so definierte er bei Gelegenheit: Seelisch gesund ist derjenige, der arbeiten und lieben kann. Gleichwohl hat er sich nie eingehend mit dem Problem der Arbeitsfähigkeit und ihrer seelisch-geistigen Voraussetzungen befasst.

Die Psychoanalyse sah in der Arbeit so etwas wie eine sublimierte Aggression. Nach diesem Konzept gibt es in jedem Menschen einen urtümlichen Aggressionstrieb. Dieser wird gespeist durch die Triebstärke der oralen, analen und phallischen Partialtriebe; vermutlich gibt es jedoch auch ein gewisses Quantum an autonomer Aggressivität, das durch die Erziehung und Bildung sozialisiert werden muss. Gelingt dies, wird die Aggression zur Triebkraft sozialkultureller Leistungen. In großen Kulturschöpfungen liegt demnach gebändigte Kampfbereitschaft vor, die sich an wertvolle Ziele und Zwecke geheftet hat.

Die Kritik hat eingewendet, dass die Psychoanalytiker hier Aktivität mit Aggression verwechseln. In allem Tun ist seelische Energie investiert. Es bedeutet eine unzulässige Verallgemeinerung, wenn man an den frühkindlichen Anfang des Seelenlebens das Aggressive setzt und daraus ableitet, dass jedes Aktivsein in Aggressivität wurzelt. Dies entspricht dem pessimistischen Menschenbild Freuds, das auch in der Formel »Homo homini lupus« zum Ausdruck kommt.

Für Alfred Adler war der Sinn der Arbeit aus der sozialen Zusammenhangsbetrachtung zu begreifen. Die irdischen Verhältnisse sind karg und geben dem Menschen nur teilweise die Voraussetzung, sein Leben zu fristen. Er muss die Welt zielbewusst verändern, um in ihr leben zu können. Arbeit wird notwendig, damit die Gemeinschaft wachsen und sich entwickeln kann. Wer arbeitet, tut etwas für sich und für die Menschheit. Darum liegt in der Arbeitsfähigkeit eine Stellungnahme zum gesellschaftlichen Sein. Der arbeitende Mensch bezeugt seine Solidarität mit der Mitwelt.

Erziehung zur Arbeitstüchtigkeit Der leistungsfähige Mensch fällt nicht einfach vom Himmel.

Individualpsychologisch gesehen, hat er einen spezifischen Werdegang hinter sich. Arbeitsfähigkeit ist Bestandteil einer seelischen Struktur und Entwicklungslinie. Diese muss man sich vor Augen halten, wenn man zur Arbeitstüchtigkeit erziehen will.

Wer später im Leben gut arbeiten kann, hat in der Regel als Kind einen Großteil jener Aufgaben bewältigt, die zu seinem Entwicklungspensum gehörten. Die Arbeitsleistung entsteht aus vielen Vorformen, von denen sich der psychologische Laie kaum genug Rechenschaft zu geben weiß.

Schon ein Kind muss kooperieren lernen. Indem es sich an Reinlichkeit gewöhnt, mit seinen Geschwistern gute Beziehungen aufbaut, auf das (vernünftige) Wort der Eltern hört, richtig sprechen lernt und gute Gewohnheiten im Alltag aufbaut, bereitet es sich darauf vor, lebenstüchtig zu werden. Viele produktive Arbeiter haben als Kinder selbstständig spielen gelernt.

Schule Auch die Schule ist eine Einübung im gesellschaftlich nützlichen Tätigsein. Der faule Schüler wird meistens kein fleißiger Mitmensch werden. Die Schule ist gewissermaßen der Beruf des Kindes. Füllt es diesen gut aus, wird es danach auch im Berufsleben florieren. In der Schulzeit wird vielerlei eingeübt, das später wichtig ist: etwa das geduldige Lernen, die saubere Ausführung von Arbeiten, das Überwinden von Schwierigkeiten, die Einordnung in eine Gruppe, das Anerkennen von Autoritäten.

Es ist ein Jammer, dass Schulkinder unzählige schlechte Gewohnheiten trainieren, von denen sie als Erwachsene nicht mehr loskommen. Unaufmerksamkeit beim Unterricht, Nachlässigkeit in den Schulaufgaben, Schulstunden als Gelegenheit zu Jux, Schabernack und Lehrerenervierung: All das macht die Schule zum Ort der Langeweile und des Zeitvertrödelns. Und aus miserablen Schülern werden oft trost- oder hilflose Erwachsene, die sich nicht selten auf die Unnützlichkeitsseite des Lebens schlagen.

1

Arbeit Man muss schon als Jugendlicher in eine soziale Lebensform hineinwachsen, um später schaffen und wirken zu können. Somit ist Arbeitsfähigkeit charakterbedingt. Sie ist ein Zeichen dafür, dass der Aufbau der moralisch-sittlichen Persönlichkeit zumindest teilweise gelungen ist.

Nun ist aber der Charakter eine freie Schöpfung des Kindes im Rahmen der vorgegebenen Umstände und Möglichkeiten. Das bedeutet, dass Begabungen und angeborene Dispositionen in ihm nicht die alleinig entscheidende Rolle spielen. Es kommt nicht nur darauf an, was einer mitbringt, sondern vor allem auch, was er daraus macht. Es würde in die Irre führen, wenn wir die Qualitäten und Mängel eines Menschen lediglich auf die hypothetische Vererbung zurückführen würden.

Begabung vs. Training Begabung ist ein Begriff, der sich vorzüglich für Ausflüchte und Ausreden eignet. Wenn man irgendetwas nicht kann und auch nicht willig ist, es zu lernen, kann man sagen, dass man dazu nicht begabt sei – und daraufhin legt man die Hände in den Schoß. Sind aber unsere Leistungsqualifikationen das Ergebnis von Lernprozessen und von Training, wäre die Konsequenz davon, dass man sich durch geduldige Arbeit an sich selbst sogenannte Begabungen zulegen kann. Die tüchtigsten Exemplare unter den Kulturmenschen waren geduldige Lerner; sie bekamen nichts geschenkt. Nur der bequeme Betrachter schreibt ihnen angeborene Vorzüge zu, was ihn davon dispensiert, sich selbst anzustrengen. Friedrich Nietzsche sagte in *Menschliches, Allzumenschliches* mit Recht:

» Redet nur nicht von Begabung, angeborenen Talenten! Es sind große Männer aller Art zu nennen, welche wenig begabt waren. Aber sie *bekamen* Größe, wurden »Genies« (wie man sagt), durch Eigenschaften, von deren Mangel niemand gern redet, der sich ihrer bewusst ist: sie hatten alle jenen tüchtigen Handwerker-Ernst, welcher erst lernt, die Teile vollkommen zu bilden, bis er es wagt, ein großes Ganzes zu machen; sie gaben sich Zeit dazu, weil sie mehr Lust am Gutmachen des Kleinen, Nebensächlichen hatten als an dem Effekte eines blendenden Ganzen (Nietzsche, 1988a, S. 152 f.). «

Alfred Adler kämpfte zeitlebens gegen den Begabungswahn und die Vererbungsmythologie, die so viele Menschen entmutigen; im Bereich des Arbeitenkönnens sind Erziehung und Selbsterziehung wichtiger als angebliche Anlagen.

1.1 Strukturanalyse der Arbeitsfähigkeit

Wie alle Charaktereigenschaften und grundlegenden Merkmale des menschlichen Seelenlebens besitzt auch die Arbeitsfähigkeit eine für sie eigentümliche Struktur; sie ist ein Kompositum, das sich aus Strukturelementen zusammensetzt. Diese Voraussetzungen und Bestandteile sollen in der Folge erläutert werden.

■ **Strukturelemente**

Stimmung Die Grundstimmung des arbeitsfähigen Menschen ist heiter oder doch optimistisch. Stimmungen sind jene Phänomene, durch die der Mensch primär seine Welt und sich selbst erschließt. Sie sind Erkenntnisvorgänge; im Stimmungsgehalt unseres Lebens, der einem Wechsel unterliegt, zeigt sich uns die Umwelt in einem ständig veränderten Licht. Sind wir etwa heiter, befinden wir uns in einem Lebensraum, der uns Expansion und Selbstverwirklichung zu gestatten scheint. Heiterkeit ist wie ein Spielraum voller Möglichkeiten.

Andererseits geben uns gedrückte Stimmungen meistens nur den Widerstandscharakter der Welt zur Kenntnis. Die eigene innere Verschlossenheit spiegelt sich wider in allerlei wirklichen oder vermeintlichen Hindernissen, die uns den Weg nach vorne verbauen.

Lernen und Arbeiten sind miteinander verwandt: Lernen bezieht sich meist auf geistige Arbeit. Man hat mit Recht davon gesprochen, dass es zu guten Lernprozessen einer gewissen Lernstimmung bedarf; diese ist durch Angstfreiheit, Zuversicht und innere Entschlossenheit gekennzeichnet. Ähnlich ist es mit der Arbeit; schon das volkstümliche Diktum besagt: »Wer schaffen will, muss fröhlich sein!«

Wie will man sich tüchtig einsetzen, wenn man nicht ein Bewusstsein des Eigenwertes hat, nicht an den Wert der Sache glaubt und überhaupt verzagt und kleinmütig im Leben steht! Der heitere Mensch, der gewiss auch einen ernsten Seelenhintergrund hat, ist mit sich einigermaßen im Reinen, weiß großenteils, was er will und kann und ist bestrebt, seine existentiellen Anliegen im Rahmen der Gemeinschaft zu verwirklichen.

Man spricht oft von der Stimmung, als ob sie etwas Biologisches wäre; nichts ist falscher als das. Denn wir sind immer so gestimmt, wie es zu unserem Charakter, seinen Lebenszielen und unserer jeweiligen Situation passt. Wir bekommen in unserem Gestimmtsein (ohne es zu wissen) die Quittung für tausenderlei Haltungen, Einstellungen, Gewohnheiten, Denkprozesse und Werturteile. Gern würden wir alle eine mutige und gehobene Stimmung haben, die uns anfeuert und beflügelt – aber eine solche stellt sich nur bei jenem ein, der sich klug und tapfer mit dem Leben auseinandersetzt, nicht das Unmögliche will und sich nicht bei jedem Frustrations- oder Versagungserlebnis in den Schmollwinkel setzt.

Reife des Charakters Nach Freud entsteht seelische Reife erst nach Absolvierung eines langen und mühsamen Entwicklungsprozesses. Dieser führt aus kindlichen Stadien der Libidoorganisation zum Primat des Eros und des Sexus im Seelenhaushalt. Kommt es zu Fixierungen oder Regressionen, bleibt der Mensch auf einem infantilen Plateau des Sexuallebens stehen; er wird

unter Umständen ein oraler, analer oder phallischer Charakter.

Diese Charakterstrukturen werden prägenital genannt und bedeuten im Grunde nicht nur seelische Unreife, sondern auch Charakteranomalien. Was die Psychoanalyse unter dem Titel der Prägenitalität beschreibt, sind meistens Charakterschwächen, Untugenden oder gar Laster. Natürlich gibt es auch im Bereich des Normalen seelische Komponenten, welche der oralen, analen und phallischen Triebbefriedigung dienen.

- **Orale Charaktere** sind häufig ehemals Verwöhnte oder Selbstverwöhner. Sie stehen dem Leben eher passiv gegenüber und erwarten alle Initiative vonseiten der Umwelt. In der Terminologie von Fritz Künkel gesprochen: Sie träumen stets von einem weißen Riesen, der ihnen die Lasten des Lebens abnimmt. Wenn sie arbeitsfähig sind, dann meistens als Routinearbeiter oder ausführende Organe für die Pläne und Projekte anderer.
- Der **Analcharakter** ist ordnungsliebend, gewissenhaft und gründlich, aber schöpferisch ist er wohl kaum. Auch er fügt sich irgendwo in eine Organisation ein. Als Beamter ist er besonders geeignet. Originalität und Spontaneität findet man in seiner Tätigkeit weniger; stattdessen ist er sehr an Schematismen gebunden.
- **Phallische Charaktere** lieben große Gesten, kündigen viel an und leisten selten Übermäßiges. Immerhin haben sie viel Anfangsschwung, der dann allerdings schnell erlahmt. Sofern Zuschauer vorhanden sind, bewirken sie am meisten. Das Leben besteht für sie zu einem Großteil aus Show und Theatralik.
- Schöpferisches Denken und Tun ist die Domäne der **genitalen Charaktere**. Sie sind liebes- und leistungsfähig. Sie arbeiten unter der Ägide eines subtilen Über-Ich, das heißt, sie haben Wertmaßstäbe in sich, die Gutes fordern, ohne Terror auszuüben. Ihr

Liebesleben ist meist ebenso geordnet wie ihr Tätigkeitsbereich; sie wollen und können sich selbst verwirklichen, und die Arbeitstüchtigkeit ist ein Teilstück ihrer hohen Selbstachtung. Man kann sie gewissermaßen Persönlichkeiten nennen. Goethe hat diesen Zusammenhang anvisiert in seinem Ausspruch: »Man muss etwas *sein,* um etwas *machen* zu können.«

Beziehungsfähigkeit Alfred Adler sagte im Grunde dasselbe wie Freud, wenn er feststellte, dass Arbeits- und Beziehungsfähigkeit zwei Seiten einer Medaille sind. Nur wenn wir beziehungsfähig sind, können wir produktiv und innovativ arbeiten. Beziehung herstellen ist die erste und wichtigste Tätigkeit, welche dem Menschen aufgegeben ist.

Der beziehungsfähige Mensch heißt in der Psychoanalyse genitaler Charakter. Er hat die ödipalen Konflikte seiner Kindheit fruchtbar bewältigt. Er will nicht mehr von seiner Mutter verwöhnt werden und kultiviert keine infantile Rivalität gegenüber dem Vater. Er strebt aus dem engen Rahmen der Familie hinaus und versucht ein gesellschaftliches Wesen zu werden. Er kann Verantwortung für sich selbst und sein Leben übernehmen und interessiert sich für andere Menschen, gliedert sich ein in soziale Zusammenhänge und erringt Fortschritte für sich und die Gesamtheit.

Beziehungsfähigkeit ist so bedeutsam für das Arbeitenkönnen, weil der tätige Mensch auch Beziehung zum Gegenstand seines Tuns aufnehmen muss. Wer Ich-haft und in sich verkapselt ist, kann nicht angesichts irgendeiner beruflichen Aufgabe plötzlich weltoffen und an die Sache hingegeben sein; man hat denselben Lebensstil in allen Bereichen des Daseins. Wer dialogfähig ist, kann daher sowohl mit Menschen als auch mit Aufgaben sinnvoll kommunizieren.

Man erlernt den Dialog an den grundlegenden zwischenmenschlichen Beziehungen (Mutter, Vater und Geschwister) und überträgt ihn dann auf das schulische Lernen und die Berufsausübung. Alles Lernen von Geschicklichkeiten und Berufstauglichkeiten geschieht auf dem Boden tragfähiger Zwischenmenschlichkeit; fehlt diese, sind die Lernvorgänge behindert.

Ängstliche oder gehemmte Charaktere haben häufig Lernschwierigkeiten. Schließlich muss man bei jeglichem Tun in Beziehung mit der Aufgabe bleiben und die Sachverhältnisse wahrnehmen sowie die Eigentümlichkeiten des vorliegenden Problems berücksichtigen, also fast einen Dialog mit dem Arbeitsobjekt führen. Wer das miteinander Sprechenlernen versäumt, kann kaum schöpferisch werden.

Wir erkennen hier die Adler'sche These vom Gemeinschaftsgefühl als der fundamentalen Konstante für die seelische Gesundheit. Man kann nicht ohne ausgebildetes Sozialinteresse ein tüchtiger Mensch sein. Man muss mit den Menschen und der Welt emotional verbunden sein, um mit ihnen zusammenwirken zu können.

Gefühle Die Psychologie fragt sich seit ihrem Bestehen, welche Motivationen in der menschlichen Psyche wirksam sind. Motivationen sind Antriebselemente und Beweggründe für das Handeln. Die naturalistischen Lehren nehmen an, dass die Triebe die Motoren des Seelenlebens seien. Ein Trieb ist eine Bedürfnisspannung, die aus einer biologischen Quelle fließt, so der Hunger und der Sexus. Es ist aber keineswegs sichergestellt, dass diese physiologischen Bedürfnisse die Haupttriebkräfte der Seele sind.

Neuere anthropologische Konzepte legen uns nahe, eher im Gefühl die treibende Kraft des Handelns zu sehen. Vor allem soziale und kommunikative Handlungsweisen sind im Fühlen verankert. Je reicher und differenzierter die Gefühle eines Menschen sind, umso handlungsfähiger wird er sein.

Gefühle scheinen das Zentrum der Personalität auszumachen. Die Person baut sich gewissermaßen aus ihren emotionalen Akten auf. Das Gefühl ist immer wertbezogen; es ist Werterkenntnis und Wertrealisierung. Wenn man von Ich-Stärke spricht, meint man Gefühlsreichtum.

Große Arbeitsfähigkeit ist notwendigerweise mit Emotionsfülle identisch. In der Persönlichkeit des schaffenden Menschen registrieren wir gemeinhin Haltungen von Wohlwollen, Solidarität, Freude, Zugewandtheit sowie Achtung vor sich selbst und vor den Mitmenschen. Andererseits kann man die These wagen, dass hinter jeder Arbeitsstörung ein Gefühlsmanko oder doch eine Gefühlsunsicherheit steht.

Es gibt daher keine Tricks, um aus einem arbeitsgehemmten Menschen einen produktiven Charakter zu machen. Nur wenn das Ich sich weiterentwickelt, können Lebens- und Arbeitstüchtigkeit wachsen. Gefühle sind nicht direkt induzierbar, sondern stellen sich ein, wenn die Person ihre Wertorientierung verfeinert und intensiviert. Derlei muss in der Lebensbewährung und im Aufbau der sittlich-moralischen Persönlichkeit heranreifen.

Wille Mit Gefühlsreichtum allein wird man jedoch kaum nützliche Arbeit leisten; es bedarf auch der Willenskraft, um Ziele und Zwecke in die Tat umzusetzen und den Widerstand der stumpfen Welt zu überwinden. Philipp Lersch in *Der Aufbau der Person* (1951) ordnete die Gefühle dem endothymen Grund der Persönlichkeit zu; der Wille jedoch ist ein Zentralphänomen des noëtischen Überbaus. Er gehört mit dem Denken zusammen der geistigen Sphäre an. Das Wollen entspringt dem innersten Kern der Person. Es ist aktive Auseinandersetzung mit der Wirklichkeit, zugleich aber auch eine Art »Selbstauszeugung der Persönlichkeit« (Alexander Pfänder) oder Selbstverwirklichung.

Denken und Wollen sind korrelativ: Wer das eine fördert, festigt das andere. Beide sind Ich-Funktionen oder Erscheinungsweisen des Ich. Sofern und in dem Maße, als ein Ich existiert, ist es auch denkend und wollend. Carl Gustav Jung definierte den Willen als disponible Libido, womit er wohl aussagen wollte, dass nur im Be-reich des Bewusstseins Willenseinsatz möglich ist. Wer weitgehend unbewusst lebt, kann weder folgerichtig denken noch entschlossen handeln. Unbewusstheit war für Jung zumindest teilweise schuldhaft; man ist eben weithin Kind geblieben, und darum fehlt es am Denken und Wollen. Die Aufgabe jedoch ist für den Menschen gestellt: Er soll ein Denkender und ein Wollender werden.

Willensstärke Um arbeiten zu können, muss man den Willen und seine Kräfte verfügbar haben. Man steht vor Aufgaben, die allemal Schwierigkeiten bedeuten; diese können nur überwunden werden, wenn der Wille hierzu einsatzbereit ist. Er fehlt aber nicht selten und macht daher einen Großteil der gewünschten Kraftbetätigung zunichte. Wer nicht wollen kann, kann auch nicht arbeiten.

Woher aber nimmt man das Wollenkönnen? Die einen haben es, und die andern haben es nicht. Sieht man aber näher zu, gibt es Vorstufen des Willenseinsatzes. Wer sich willentlich in Bewegung setzen kann, hat lange Zeit in seinem Leben auf das Können im weitesten Sinne des Wortes hingearbeitet.

Im Könnenwollen vollzieht sich der Aufbau der sozialen und kulturellen Persönlichkeit. Man kann hier auch vom guten Willen sprechen. Wer gutwillig im Leben steht, unterzieht sich tausendfältigen Lern- und Anpassungsprozessen, durch die er sich in die Gesellschaft einordnet. Die befähigte Person ruht oftmals in sich selbst. Treten Aufgaben an sie heran, kann sie diese – sofern sie nicht überdurchschnittlich sind – im Allgemeinen bewältigen. Das Ich des Menschen setzt sich aus Können zusammen. Ich-Stärke heißt demnach: vielerlei gelernt haben, so dass man auch viel kann. Der Könnende kann auch wollen.

In der Willensstärke strömt eine Reihe von seelischen Dispositionen zusammen. Da spielt zum Beispiel die Vitalität eine erhebliche Rolle, des Weiteren der Gefühlsreichtum, die Übung im bisherigen Leben (Bereitstellung von Ge-

1

wohnheiten) und überdies die Wertorientierung bzw. die Weltanschauung des Betreffenden.

Wichtig ist vor allem die Erkenntnis, dass die Willenskraft eines Menschen vermutlich keine konstitutionell gegebene Größe ist. Man erlebt oft, dass sie sich im Verlaufe eines Lebens sowohl nach oben wie nach unten beträchtlich verändert. Physische Gesundheit erhöht das Willenspotential, Krankheit schwächt es. Im Übrigen besteht ein Kreisprozess: Könnenwollen erhöht das Wollenkönnen und umgekehrt. Man muss in diesen Zirkel hineinkommen.

Talent Ein besonders hohes Maß von Arbeitsfähigkeit haben die Talentierten und die Genialen. Daher ist es sinnvoll, auch dieses Thema in unsere Betrachtung einzubeziehen. Hehlmanns *Wörterbuch der Psychologie* führt hierzu aus:

» Talent (griech.-lat.), Gewicht, Zugewogenes; natürliche Anlage oder Fähigkeit, eine gute Begabung, die durch Erziehung und Pflege ausgebildet werden kann, gewöhnlich mit einer ausgeprägten Richtung auf bestimmte Gebiete: musikalisches, künstlerisches, technisches Talent, im Unterschied zum Genie nicht von hoher schöpferischer Ursprünglichkeit (Begabung, Intelligenz) (Hehlmann 1968, S. 571). **«**

Es ist leicht zu erkennen, dass der Talentbegriff ursprünglich einen theologischen Einschlag hatte; später wurde er ins Biologische hinübergenommen. Ob es nun Gott oder die Gene sind: In beiden Fällen wird postuliert, dass das Tüchtige und Schöpferische bereits bei der Geburt mitgebracht wird.

Nun gibt es vermutlich ein somatisches Entgegenkommen für allerlei Kulturleistungen: Die Beschaffenheit des Gehörs oder des Sehorgans ist bedeutsam für die Ausübung der Ton- oder Malkunst. Wir halten es aber für eine reichlich gewagte Mythologie, wenn jede überragende Leistungsdisposition einfach als Talent eingestuft wird.

Manche Menschen legen sich Talente regelrecht zu, weil sie für eine Sache anhaltend und energisch interessiert sind. Man kann ein Talent durch Lernen und Selbsterziehung aufbauen. Alfred Adler formulierte sogar unbekümmert: »Jeder Mensch kann alles!« Natürlich wusste er, dass das realiter nicht der Fall ist. Aber er hielt dafür, dass es nützlich sei, Kinder unter diesem Motto zu erziehen und zu ermutigen.

Allzu oft werden Leistungsschwäche und Phlegma als Talentmangel eingeordnet, woraufhin sich der Quietismus breitmacht. Mut ist jene Kraft im Seelenleben, die Begabungen schafft. Letztere sind – nach einem Wort von Thomas Mann – ein »hoher Anspruch und der andauernde Wille, diesem gerecht zu werden«. Das tönt nun nicht mehr nach geschenkten Fähigkeiten, sondern nach mühsam erworbener Kompetenz, welche dem Reichtum des Wertempfindens und der menschlich-moralischen Qualifikation entstammt. Darum sollte man nicht nur beim Talent, sondern auch beim Genie umlernen. Hierzu wieder unser *Wörterbuch*:

» Genie, lat. Ingenium, franz. génie, höchste schöpferische Begabung, auch: die überragende schöpferische Persönlichkeit. Genialität kann sich auf allen Gebieten (des künstlerischen, wissenschaftlichen, wirtschaftlichen, politischen Lebens) zeigen. Gewöhnlich unterscheidet man zwischen Genie und Talent. Das Wesentliche des Genies sieht man in seiner originalen Produktivität, die aus sicherer Intuition neue Schaffensbereiche erschließt. … Das Genieproblem ist oft Gegenstand psychologischer und soziologischer Untersuchungen gewesen (Hehlmann 1968, S. 187). **«**

Wir stimmen Hehlmann zu, dass man Genies nicht einfach erziehen kann. Und doch produzierte man im Laufe der Jahrhunderte so manches Genie auf pädagogische Weise, indem man früh mit hervorragenden Erziehungsmethoden Einfluss nahm und seelische Prozesse in Gang setzte, die in Genialität einmündeten. Die Erziehung von Montaigne, Mozart, Goethe und vielen anderen ist ein Beispiel dafür, dass umsichtige und geschickte Förderung bei entsprechender Persönlichkeitsartung des Kindes sehr wohl an der Ausbildung eines Genies mitbeteiligt ist.

Aber es müssen vermutlich viele Faktoren zusammenströmen, bis ein Menschenkind den gigantischen Mut in sich aufbaut, mittels dessen es ein großer Kulturschöpfer werden kann. Jean-Paul Sartre, der selbst ein Ausbund von Verwegenheit war, prägte die Formel: »Das Genie ist ein Ausweg aus der Verzweiflung.« Damit spielte er auf die tragischen Entwicklungen an, welche den dunklen Hintergrund des Genieschicksals ausmachen.

Frühes Training in einer günstigen Umgebung, meistens auch das Erlebnis eines tiefgreifenden Mangels, aufgestacheltes Kompensations- und Überkompensationsstreben: Das alles fließt zusammen, um einen Menschen ins Schöpfertum hinauf zu heben. Die Genies bezahlten oft genug ihren hypomanischen Schaffensdrang mit Unangepasstheit im bürgerlichen Leben, persönlichem Unglück sowie gewaltiger innerer und äußerer Not. Nietzsche schrieb in *Menschliches, Allzumenschliches* über das Genie:

>> **Die Entstehung des Genies.** Der Witz des Gefangenen, mit welchem er nach Mitteln zu seiner Befreiung sucht, die kaltblütigste und langwierigste Benützung jedes kleinsten Vorteils kann lehren, welcher Handhabe sich mitunter die Natur bedient, um das Genie – ein Wort, das ich bitte, ohne allen mythologischen und religiösen Beigeschmack zu verstehen – zustande zu bringen: sie fängt es in einen Kerker ein und reizt seine Begierde, sich zu befreien, auf das äußerste. – Oder mit einem anderen Bilde: jemand, der sich auf seinem Wege im Walde völlig verirrt hat, aber mit ungemeiner Energie nach irgendeiner Richtung hin ins Freie strebt, entdeckt mitunter einen neuen Weg, welchen niemand kennt: so entstehen die Genies, denen man Originalität nachrühmt. – Es wurde schon erwähnt, dass eine Verstümmelung, Verkrüppelung, ein erheblicher Mangel eines Organs häufig die Veranlassung dazu gibt, dass ein anderes Organ sich ungewöhnlich gut entwickelt, weil es seine eigene Funktion und noch eine andere zu versehen hat. Hieraus ist der Ursprung mancher glänzenden Begabung zu erraten. – Aus diesen allgemeinen Andeutungen über die Entstehung des Genius mache man die Anwendung auf den speziellen Fall, die Entstehung des vollkommenen Freigeistes (Nietzsche 1988a, S. 194). **«**

Auch wenn diese Auffassung nicht hundertprozentig richtig wäre, scheint sie realistischer zu sein als alle fatalistischen Vererbungstheorien, die sich so leicht mit dem pädagogischen Pessimismus und der persönlichen Ungeübtheit aller Nichttalentierten und Nichtgenialen verknüpfen.

Intelligenz Bei schwierigen Arbeiten ist Intelligenz unentbehrlich; wer sie nicht besitzt, kann auch bei bestem Willen in ihnen nicht arbeitsfreudig sein. Der kluge Mensch kann und will etwas leisten. Dummheit jedoch ist definitionsgemäß Unfähigkeit zur Kulturleistung.

Wiederum muss man darauf insistieren, dass der Faktor Begabung nicht überschätzt wird. Nach einer bekannten Begriffsbestimmung von William Stern ist Intelligenz

>> die allgemeine Fähigkeit, das Denken bewusst auf neue Forderungen einzustellen, die allgemeine geistige Anpassungsfähigkeit an neue Aufgaben und Bedingungen des Lebens. **«**

Man sieht an dieser Definition, dass der Charakter eines Menschen in seine Intelligenzbeschaffenheit hineinwirkt – vielleicht so sehr, dass man die Intelligenz selbst partiell eine Charaktereigenschaft nennen kann. Jedenfalls ist sie nicht eine von der sonstigen Persönlichkeit unabhängige Größe. Die Propagandisten der

IQ-Forschung wiegten sich in der Illusion, mit ihren Tests eine isolierte und isolierbare psychische Größe zu messen. Wir glauben eher, dass jedermann diejenige (soziale) Intelligenz besitzt, die zu seinem Lebensstil und seiner Charakterartung passt.

Im Adler'schen Sinne kann Intelligenz wachsen und sich verbessern, wenn das Gemeinschaftsgefühl eines Menschen zunimmt. Wer seine Selbstachtung und soziale Integration festigt, wird meistens weltoffener, flexibler und damit auch denkfähiger. Ängstliche und emotional abgekapselte Menschen sind im gewissen Sinne nur teilintelligent. Man muss im Strom des Lebens mitgehen und mitschwimmen, wenn man denk- und urteilsfähig sein will.

Rein technische Programme des Intelligenztrainings werden wohl kaum wesentliche Resultate erzielen. Wir bevorzugen die Klärung der gesamten Lebensproblematik des Betreffenden; sofern dieser in Liebesleben, Sexualität und zwischenmenschlichen Beziehungen, im Verständnis seiner Lebensschicksale von Kindheit an sowie in seinem Werthorizont verständiger und vernünftiger wird, bessert sich seine Intelligenz und seine Arbeitseffektivität. Man muss gesamthaft ein besserer Mensch werden, wenn man einsichtiger und erfolgreicher sein will.

Phantasie Sobald Arbeit mehr als Routine sein soll, bedarf sie der Phantasie oder Einbildungskraft, das heißt des schöpferischen Vermögens im Menschen. Seit langem schon gilt die Phantasie als ein zentraler psychischer Faktor, als der Ausdruck der menschlichen Freiheit und Spontaneität. Man bezeichnet sie als ein Anthropinon im eigentlichen Sinne des Wortes, also als ein spezifisches Merkmal der Sonderstellung des Menschen in der Welt.

Phantasie ist freie Bewusstseinstätigkeit, die alle anderen psychischen Funktionen durchdringt. So gibt es weder Wahrnehmung noch Erinnerung ohne Phantasieelemente; auch im Denken, Fühlen und Wollen sind stets Phantasiekomponente nachweisbar. Überall, wo der Mensch über das Faktisch-Gegebene hinausgreift, verwendet er dieses Freiheitsvermögen, das eine intime Beziehung zur Zukunft unterhält.

Nur ein Lebewesen, das zukünftig denkt und handelt, bedarf der Phantasie. Vor allem in Künstlern, Forschern, Philosophen und produktiven Urhebern von Veränderungen des Alltags ist sie wirksam; aber auch spielende Kinder und lebenszugewandte, liebende Erwachsene lassen Phantasiekräfte walten, welche das Leben bereichern und erweitern.

Der phantasievolle Mensch ist zugleich auch der mutige, selbständige und in sich ruhende Charakter. Er verfügt in der Regel über ein ausgeprägtes Problembewusstsein und schreckt nicht davor zurück, neue Fragen und Aufgaben ins Auge zu fassen und unkonventionelle Lösungen für sie zu suchen. Mit einem neueren Modewort können wir ihn kreativ nennen.

Die Psychoanalyse sagt vom Künstler, er habe einen besonders entwickelten Zugang zum eigenen Unbewussten, weil er weniger Abwehrmechanismen aufbaut und nicht allzu sehr von der moralischen Zensur (vom Über-Ich) abhängig ist. Damit ist angedeutet, dass Kreativität, abgesehen von manchen anderen Faktoren, indirekt proportional zum Ausmaß der Verdrängungen steht.

Ängstliche und übersozialisierte Menschen wagen es nicht, vom Denken der Mehrheit abzuweichen. Folglich sind sie kaum je kreativ; ihr gewaltiger Konformismus bestimmt den Horizont ihres Geistes.

Friedrich Schiller hat in einem Brief an seinen Freund Theodor Körner (1. Dezember 1788) auf diesen Zusammenhang hingewiesen. Er meinte, dass der wahre Künstler keine Angst vor unlogischen und befremdlichen Ideenverknüpfungen habe. Man solle ruhig die »Wache vor den Toren des Geistes« zurückziehen und alle Konterbande durchlassen. Erst auf diese Weise könne man schöpferisch werden.

Man verurteilt sich zur geistigen Unfruchtbarkeit, wenn man aus Angst vor sozialer Missbilligung die Phantasie knebelt und zensuriert. Das ist wohl richtig, aber es liegt nicht unbedingt in der Entschlussfreiheit eines Menschen, diese Angst und Abhängigkeit von der Mitwelt zu reduzieren. Nur freie und kühne Charaktere können aus dem Denken und Urteilen der Majorität aussteigen. Sie haben schöpferische Phantasie und sind in der Lage, in Theorie und Praxis neue Wege zu eröffnen und zu beschreiten.

Manche Leute sind kritisch gegen die Phantasie, weil sie sie unwillkürlich mit dem Begriff phantastisch vermengen. Aber die Ausflucht ins Irreale und eventuell gar Widersinnige ist nicht das eigentliche Phantasieren. Letzteres gehört in die Kategorie jener Geisteshaltungen, die Goethe mit einem vortrefflichen Begriff exakte Phantasie nannte. Er bezog sich hierbei auf ein Denken, das sich nicht vom Realitätsprinzip abkehrt, sondern dieses gelten lässt und es trotzdem überschreitet. Menschen mit exakter Phantasie sind produktiv im Leben, in den Künsten und in den Wissenschaften und damit Träger und Bahnbrecher des Kulturprozesses.

Phasen des schöpferischen Arbeitens Um zu verstehen, wie Arbeitsfähigkeit beschaffen ist, kann man sich an die Psychologie des schöpferischen Arbeitens erinnern. Diese ist jahrzehntelang von der akademischen Psychologie untersucht worden; es existieren zahlreiche Texte über dieses Thema.

- Jedes schöpferische Tun durchläuft eine **Vorbereitungsphase.** In ihr erwacht das Problembewusstsein; man steht vor einer Aufgabe und ist gewillt, sie zu lösen. Hierzu sind Eigenschaften wie Offensein für neue Fragen, gedankliche Flexibilität und Mut zum geistigen Abenteuer von hoher Bedeutung. Wer irgendeine Fragestellung bearbeitet, tut gut daran, alles Wissen geduldig zu sammeln, das bereits über seinen Gegenstand vorliegt. Dieses Material muss ausgewertet

werden. Einiges davon ist brauchbar und anregend, anderes wieder hilft nicht weiter.
- Eine zweite Phase ist die **Inkubation.** Das erinnert an biologische Zusammenhänge. Nachdem das Ei vom Samen befruchtet ist, muss es sich in die Gebärmutter einnisten und ausgebrütet werden. Auch Krankheiten durchlaufen zwischen ihrer Übertragung und ihrem Manifestwerden eine Zeit der Inkubation. Als man Newton fragte, wie er denn das Gravitationsgesetz habe entdecken können, sagte er schlicht: »Ich habe lange darüber gebrütet!«
  Beim Inkubieren hilft willentliche Anstrengung nicht viel. Eher schon sollte man das Unbewusste zum Zuge kommen lassen. Nietzsche war der Meinung, dass viele intelligente Menschen nicht produktiv werden, weil sie sich auf das Inkubieren nicht verstehen. Sie bringen daher keine lebensfähigen Geburten zur Welt.
- Als dritte Phase wird die **Inspiration**, die Invention oder die Illumination bezeichnet. Hier kommt es zu einer inneren Umstrukturierung des Gedankenmaterials und zum Auftauchen neuer Konzeptionen. Man erntet in dieser Phase nur, was man in den vorangehenden Phasen wirklich vorbereitet hat. Daher behauptete man zu Recht, Erfinden von Neuem sei 95% Transpiration und nur 5% Inspiration.
  Die besten Ideen nützen nichts, wenn sie nicht gestaltet werden. Erfinden ist manchmal fast leichter als ausarbeiten. Georg Christoph Lichtenberg hatte wohl derlei im Sinn, als er über einen ihm bekannten Mann formulierte: »Man hätte aus seinen Ideen gewiss etwas Großes machen können, wenn sie ihm ein Engel zusammengesucht hätte.«
- In der vierten Phase wird noch mehr geschwitzt als in den vorbereitenden Stadien. Man muss das Material wiederum sichten, Konsequenzen ziehen, neue Begriffe definieren, Arbeitspläne erstellen und diese

1

auch durchziehen. Ohne Konzentration, Fleiß, Hingabe an die Sache, Disziplin und Einstellung auf das gewünschte Ziel kommt man nirgendwohin. Hans Biäsch schrieb in seinem Aufsatz *Zur Psychologie des schöpferischen Arbeitens*:

» Aber auch das inspirierte Schaffen kann und muss gestaltet werden. Ohne kluge und umsichtige Pflege gerät es in Gefahr, sich in hektischer Unruhe zu verzetteln oder in genialischer Selbstüberschätzung das Wesentliche zu verfehlen. Gerade der Intuitive bedarf, wenn er in den Genuss seiner Arbeit kommen und sich das Schicksal des ewig betrogenen Erfinders ersparen will, einer besonderen Disziplin. Wirklich neues Schaffen erfordert nicht nur gute Einfälle, sondern Fleiß und nochmals Fleiß, fordert die Überwindung schmerzlicher Enttäuschungen technischer und persönlicher Art. Etwas Neues braucht Zeit, bis es erkannt wird, aber die Geduld ist meist nicht die starke Seite des Intuitiven. Wenn er sich trotz seiner Ungeduld durchsetzt, dann deshalb, weil ihn die Idee, deren Verkünder er ist, nicht loslässt und von innen her zum unermüdlichen Einsatz antreibt (Biäsch 1977, S. 76). «

1.2   Arbeitsstörungen

Der Tiefenpsychologe und Psychotherapeut hat oft mit Arbeitsstörungen zu tun, die im Zustandsbild der Neurose selten fehlen. Sie zu beheben ist ein wesentlicher Teil der Therapie; denn die Selbstachtung des Menschen ist weitgehend daran gebunden, dass er beruflich leistungsfähig ist und die materielle Basis seines Lebens sichern kann.

Arbeitsstörungen sind ein Syndrom, das aus vielen Elementen besteht. Ihre Faktoren können sein:

- mangelhafte Lernprozesse,
- falsche Gewöhnungen,
- schiefe Einstellung zur Tätigkeit,
- Charakteranomalien,
- Störungen im Verhältnis zu Mitarbeitern und Vorgesetzten,
- Sexualprobleme,
- Suchtkrankheit und Negativismus.

Pessimistische Philosophen und Misanthropen haben behauptet, dass der Mensch von Natur ein faules und bequemes Wesen sei. Im Grunde wolle er gar nicht arbeiten. Dieser These möchten wir grundsätzlich widersprechen. Wir schließen uns dem Satz des amerikanischen Psychologen William McDougall an, der besagt: »Das gesunde Tier ist aufrecht und tut etwas.« Auch der gesunde Mensch handelt nicht anders.

»Dolce far niente« ist nur ein Ideal bei vernachlässigten Menschen, die wenig gelernt haben und durch drückende Verhältnisse zum Nihilismus verführt wurden. Sind die Voraussetzungen einigermaßen akzeptabel, wird der Mensch ohne Zwang und Gewalt von außen den Impuls verspüren, für sich selbst und die Seinen eine nützliche Tätigkeit aufzunehmen. Geld ist hierbei nicht der Hauptmotivationsfaktor. Noch wichtiger ist beim Arbeiten die Sinnverwirklichung, also das Gefühl, aus dem Leben etwas Sinnvolles zu machen.

Die Tiefenpsychologie postuliert, dass viele Formen von Arbeitsstörung auf eine Persönlichkeitsstörung hinweisen. Es mögen da und dort die äußeren Verhältnisse den Arbeitseinsatz stören, aber in der überwiegenden Zahl der Fälle sind wir auf die Eigenart und den Lebensstil des Betroffenen verwiesen, wenn wir seine Lern- oder Arbeitsblockade begreifen wollen.

Ehrgeizig, aber mutlos Viele Menschen können nicht arbeiten, weil sie sowohl ehrgeizig als auch mutlos sind. In ihrer Kombination wirken sich die beiden Eigenschaften als Arbeitsstörung aus. An sich ist der Ehrgeiz eine treibende Kraft im Menschenleben. Der geltungshungrige Mensch greift Aufgaben an, weil ihn die Aussicht auf Erfolg und Anerkennung mobilisiert. Er braucht aber auch die Zuversicht, dass er zum Ziel kommen kann. Sofern diese fehlt, hat es keinen Sinn, Anstrengungen zu unternehmen.

In vielen Neurosen ist das Geltungsstreben mit Mangel an Mut verknüpft. Darum fängt der Betreffende oft gar nicht erst an. Brillieren möchte er wohl – aber woher soll man die Geduld und Ausdauer nehmen, um mit dem spröden Stoff der Wirklichkeit zu ringen? So mancher seelisch kranke Mensch brütet im stillen Winkel darüber, was er alles tun könnte, möchte oder sollte, aber der Schritt zum Beginnen wird nicht getan. Denn Taten können gelingen oder scheitern; das ist dem neurotisch Gestörten allzu riskant. Lieber schon führt er die Macht der Umstände ins Feld, die ihn daran hindern, seine großen Gaben in die Waagschale zu werfen.

Der Ehrgeiz solcher Menschen kommt aus ihrer Kindheit. Sie haben möglicherweise im engen Rahmen der Familie eine Starrolle spielen dürfen. Die Familienclaqueure bejubelten jede kleine Leistung oder jeden kindlichen Ausspruch; daraus wird das Vorgefühl abgeleitet, das Leben müsse in ähnlicher Weise eine Erfolgstournee werden. Sobald man aber bemerkt, dass dies sehr viel Mühe bereiten würde, fängt man mit dem Rückzug an. Man läuft in den stillen Hafen der Familie ein, weil man auf dem Meere des Lebens die Stürme fürchtet.

Harald Schultz-Hencke untersuchte dieses Thema im Rahmen seiner Hemmungslehre unter dem Titel von Bequemlichkeit und Riesenerwartungen. Wer in der Kindheit verwöhnt wurde, tendiert dazu, das genannte Eigenschaftspaar auszubilden; er erhofft viel von der Zukunft, ist aber durch Hemmung träge und kann nichts dazutun, seine Wünsche in die Realität einzuschreiben. Der mutige Charakter jedoch ist weder faul noch anspruchsbetont. Er weiß, dass Wünsche nur durch Mühe und Arbeit realisiert werden.

Angst Einer der schlimmsten Arbeitshemmer ist die Angst. Sie verringert das Auffassungsver-
mögen, stört die Konzentrationsfähigkeit, drosselt die Arbeitsenergie und verunmöglicht eine kontinuierliche Beziehung zum Arbeitsobjekt. Daher soll im Falle von Lern- und Arbeitsstörungen immer nach Angst gefahndet werden. Sie liegt übrigens meistens nicht offen zutage. Häufig haben wir es mit verborgenen Ängsten zu tun, und die Befürchtungen, welche der Angstpatient angibt, sind in der Regel nicht die wesentlichen.

Angst ist ganz allgemein Beziehungsstörung. Ihr seelischer Hintergrund ist das Zurückgeworfensein auf das eigene Ich, die Ich-Haftigkeit (Fritz Künkel). Des Weiteren sind beim ängstlichen Menschen die Gefühle in der Regel nur karg entwickelt. Er ist misstrauisch, kontaktgestört und verstimmt. Harry Stack Sullivan sprach davon, dass Angst die vorweggenommene Missbilligung seitens wichtiger Beziehungspersonen sei. Der Ängstliche fühlt sich gleichsam dauernd verachtet, weil er selbst keine Achtung vor sich hat. Sein Kleinmut ist die Folge einer permanent geringen Selbsteinschätzung.

Man kann regelrecht zur Angst erziehen. Ängstliche Eltern haben nicht selten ängstliche Kinder; aber auch Autoritarismus, Lieblosigkeit, Hypermoral und Sexualverdrängung sind pädagogische Angstfaktoren. Es besteht eine umgekehrte Proportionalität: je mehr Angst, desto weniger Selbstverwirklichung. Jeder Angstpatient lebt bevorzugt in einem Zustand der Selbstentfremdung. Er hat sich selbst noch nicht entdeckt und oft noch nie gesucht. Da er kein Zentrum in sich hat, kann er der Welt keinen festen Widerstand entgegensetzen. Intelligenz und Arbeitsleistung werden durch solche psychische Gegebenheiten arg beeinträchtigt. Das ängstliche Kind ist ein schlechter Lerner; der ängstliche Erwachsene ist unproduktiv oder doch viel weniger leistungsfähig, als er sein könnte.

Oft ist Angst mit starken Du-sollst-Forderungen verbunden. Perfektionismus und Über-Ich-Hypertrophie liegen auf dieser Linie. Sie lassen den Menschen nicht froh und tüchtig werden. Wer einen Ängstlichen mutiger macht, verhilft ihm zur Leistungsfähigkeit. Er muss ihn aber auch zum Mut zur Unvollkommenheit erziehen, und das kommt einem Neuaufbau oder Umbau der ganzen Persönlichkeit gleich.

Geiz Wie merkwürdig im Seelenleben alles mit allem zusammenhängt, kann man auch durch die Tatsache illustrieren, dass bei einer psychotherapeutischen Exploration nicht selten eine Korrelation zwischen Arbeitsstörungen und geiziger Charakterhaltung auftritt. Und doch ist dies tiefenpsychologisch gesehen durchaus keine Überraschung. Es muss so sein, wenn man den Regeln der »Psycho-Logik« folgt.

Arbeitsfähigkeit ist nämlich unter anderem eine Form von Hingabe. Man muss sich an eine Sache hingeben können, um sie produktiv zu bewältigen. Nun betrifft aber Hingabe bei Weitem nicht nur den Arbeitsbereich. Wir geben uns hin an Menschen und Dinge, in der Liebe, im Wohlwollen, in der Freundlichkeit und in jeder Art von Generosität. Schließlich gibt es auch ein Hingeben als Hergeben, zum Beispiel die Bereitschaft, Geld zu spenden für Notleidende oder auch Geld auszugeben für sich selbst.

Der Geizige steht ständig unter dem Gefühl des Mangels. Er hat nie genug und befürchtet, in die Situation der Bedürftigkeit zu kommen. Darum lebt er sparsam bis zur Askese; die Parole heißt: möglichst wenig ausgeben, möglichst viel einnehmen. Diese Regel wird in allen Lebensbereichen befolgt. Man gibt weder Gefühle noch Geld aus; man hält an sich mit seinen Kräften und jeglicher Anteilnahme; man befindet sich im Feindesland und wird übervorsichtig in allen Lebensregungen.

Kein Wunder, dass das auch den Schaffensprozess beeinflusst. Wie sollte man froh und initiativfreudig eine Sache anpacken, wenn man vom Gefühl des eigenen Mangels und der Bedürftigkeit durchdrungen ist! Der Geizige ist stets auf Nehmen und nicht auf Geben bedacht. Selbst wenn er gute oder sogar hervorragende Fähigkeiten in sich tragen würde, könnte er nicht viel leisten, weil er nicht einsatzbereit ist.

Man hat nicht zu Unrecht bei schaffensfrohen Menschen eine gewisse Großzügigkeit und Großherzigkeit beobachtet. Sie geben alles hin, was sie haben und können, sie verschenken sich oft bis zur Selbstpreisgabe. Anders der ängstliche Geizhals: Er bewahrt sich an allen Ecken und Enden und kann daher nicht produktiv werden.

Affekte Nicht nur die Angst und der Geiz, sondern auch alle übrigen Affekte sind in der Regel Arbeitsstörer. Als solche Affekte kennen wir noch Neid, Eifersucht, Scham, Wut und Zorn, Misstrauen, Hass, Trauer und Missgunst.

Man hat allgemein beobachtet, dass im Affekt Einsicht und Kritik vermindert oder ausgeschaltet sind. Der affektgeladene Mensch hat nicht mehr die Herrschaft über sich selbst; er ist zumindest teilweise selbstentfremdet. In diesem Zustand kann das Durchsetzungsvermögen unter Umständen gesteigert sein (etwa in Wut und Zorn); aber in der produktiven Arbeit nützen solche heftigen Gemütsbewegungen kaum. Der Affekttyp ist Ich-haft, beziehungsgestört und lebt in einem hohen Spannungszustand, der meistens auf die Funktion der Organe ausstrahlt. Er ist somit ein Kandidat für psychosoziale wie auch somatische Erkrankungen.

Man soll bei arbeitsgestörten Menschen den Affekthaushalt aufs Genaueste durchleuchten. Affekte weisen darauf hin, dass ein Mensch auf Kampf oder Flucht gestimmt ist, nicht aber auf Leistung und Mitleben. Beim Gegenmenschen und nicht beim Mitmenschen finden wir in der Regel ein Übergewicht der Affekte über Gefühle, Denken und Urteilen.

Seit Alfred Adler sind wir daran gewöhnt, bei seelischen Phänomenen nicht nur nach deren Ursachen, sondern auch nach deren Zielen und Zwecken zu fragen. Eine solche teleologische Betrachtungsweise ist meistens nützlicher als die kausale.

Was will ein Mensch (unbewusst) mit seinen Arbeitsstörungen erreichen? Die Lösung des Rätsels ist nicht so unzugänglich, wie es auf den ersten Blick hin scheint. Der Nichtstuer möchte, dass die anderen für ihn tun. Das ist die Optik des extrem verwöhnten Kindes, das mit einem Prinzen- oder Prinzessinnenideal aufgewachsen ist.

Denn hocharistokratische Menschen müssen nicht arbeiten; sie sind es ihrem Status schuldig, dass sie andere für sich roboten lassen. In jeder Neurose gibt es neben Angst und Resignation diesen Hochmut, der stets mit Kleinheitsgefühlen gepaart ist. Ein Kampf gegen die eine Komponente allein ist aussichtslos; man muss beide reduzieren oder aus der Welt schaffen.

1.3   Mußefähigkeit

Eine Untersuchung über die Arbeitsfähigkeit wäre unvollständig, wenn sie nicht auch das Thema der Mußefähigkeit einbeziehen würde. Arbeit und Muße sind komplementär; wer die eine sinnvoll gestalten will, darf auch die andere nicht vernachlässigen.

Das Problem der Muße hat eine lange und variationsreiche Geschichte. Im Altertum arbeiteten die Sklaven und die Handwerker; der vornehme Bürger hütete sich davor, seine Hände schmutzig zu machen. Hatte er seine häuslichen Geschäfte abgetan, ging er auf den Marktplatz (die »Agora«), um zu politisieren, oder auf den Turnplatz, um die Waffenübungen der Jugend anzuschauen.

Die Römer sprachen von »otium cum dignitate«, also von Muße mit Würde. Es galt offenbar, die Freizeit mit Anteilnahme an der »res publica«, am öffentlichen Leben auszufüllen. Interessant ist der Umstand, dass im Lateinischen »negotium« Arbeit heißt, »otium« aber Muße. Arbeit (mit der Vorsilbe »neg«) ist gleichsam die Verneinung von Muße – Letztere aber war das Positive.

Im Mittelalter arbeitete das nichtadlige Volk; der Adel jedoch führte Krieg, ging auf die Jagd und repräsentierte. Erst die Reformation hat ein allgemeines Arbeitsethos, vielleicht sogar eine allgemeine Arbeitswut eingeführt. Letztere hängt nach der These Max Webers mit dem protestantischen Glaubensbekenntnis der Reformation zusammen. Diese verkündete die Selbsterlösung des Menschen durch die Arbeit. Materieller Erfolg im Leben galt als sichtbarer Gnadenbeweis Gottes. Seit dem 15. Jahrhundert kam die kapitalistische Wirtschaftsform in Europa auf, welche die generelle Arbeitspflicht einführte. Nun arbeiten alle unter dem Leitstern der wachsenden Produktivität.

Es war jedoch nicht recht ersichtlich, was der Sinn dieses universellen Arbeitsethos sein sollte. Nietzsche registrierte in *Die fröhliche Wissenschaft* die atemlose Hast der Arbeit als das eigentliche Laster der Moderne und schrieb mit deutlicher Sympathie für antike Verhältnisse:

» Muße und Müßiggang. Es ist eine indianerhafte, dem Indianerblute eigentümliche Wildheit in der Art, wie die Amerikaner nach Gold trachten: und ihre atemlose Hast der Arbeit – das eigentliche Laster der neuen Welt – beginnt bereits durch Ansteckung das alte Europa wild zu machen und eine ganz wunderliche Geistlosigkeit darüber zu breiten. Man schämt sich jetzt schon der Ruhe; das lange Nachsinnen macht beinahe Gewissensbisse. Man denkt mit der Uhr in der Hand, wie man zu Mittag isst, das Auge auf das Börsenblatt gerichtet, – man lebt wie einer, der fortwährend etwas »versäumen könnte« ... Ja, es könnte bald so weit kommen, dass man einem Hange zur *vita contemplativa* (das heißt zum Spazierengehen mit Gedanken und Freunden) nicht ohne Selbstverachtung und schlechtes Gewissen nachgäbe. – Nun! Ehedem war es umgekehrt: die Arbeit hatte das schlechte Gewissen auf sich. Ein Mensch von guter Abkunft verbarg seine Arbeit, wenn die Not ihn zum Arbeiten zwang. Der Sklave arbeitete unter dem

1

Druck des Gefühls, dass er etwas Verächtliches tue – das »Tun« selber war etwas Verächtliches (Nietzsche 1988b, S. 556 f.). **«**

Der heutige Mensch wird zur Arbeit erzogen, aber was er mit seiner Muße anfangen soll, weiß er meistens nicht. Der moderne Wirtschaftsprozess verlangt viel von jedermann; am Abend ist man ein müdes Arbeitstier, das nur noch für billige und leichte Unterhaltung zugänglich ist. Daher verdöst der erschöpfte Arbeiter von heute seinen Abend am Fernsehschirm. Er benötigt Alkohol oder Aufputschmittel, um sich außerhalb seiner beruflichen Tätigkeit zu entspannen oder noch wach zu bleiben.

Geht sein Arbeitsleben zu Ende, weiß er mit seiner Pensionierung nichts anzufangen. Viele sterben den Pensionierungstod, weil sie sich ohne die tägliche Plackerei langweilen – und Langeweile ist tödlich! Die Muße sollte den Sinn haben, die im Arbeitsprozess arg vernachlässigte Menschwerdung des Menschen zu ermöglichen.

> ❯ Da jeder Beruf vom Menschen verlangt, sich zu einem Werkzeug zu machen, ist er fast notwendig mit Selbstentfremdung verbunden. Wer immer im Laufe der Vergangenheit für die wahre Würde des Menschen Partei ergriff, plädierte für mehr Muße, die jedermann für die Entfaltung seiner Persönlichkeit sollte nützen können.

Muße hat nur dann Sinn und Wert, wenn sie zum Erlernen der hohen Kunst des Lebens dient und zur »éducation permanente« verwendet wird, wobei sich der Mensch in ihr der potentiellen Allseitigkeit erinnert, die er in seiner beruflichen Einseitigkeit so leicht vergisst. Wir sind alle von der Disposition her Universalmenschen im Sinne der Renaissance. Ein wenig von dieser Universalität zu retten wäre die Aufgabe einer vermehrten Freizeit, die für vielseitige Weiterbildung eingesetzt werden soll. Das kann vermutlich nur in einer zukünftigen Gesellschaft

gelingen, die sich selbst als Erziehungs- und Bildungsgesellschaft versteht.

1.4 Psychotherapeutische Erwägungen

Dem Arbeits- und Mußeverhalten des Patienten dürfte in der Psychotherapie dieselbe Aufmerksamkeit gewidmet werden wie dem Sexual- und Liebesleben, den Träumen und Kindheitserinnerungen, den zwischenmenschlichen Beziehungen und der Einstellung zu sich selbst, dem Verhältnis zum Geld sowie den Gefühlen und Idealen.

Es ist schon viel gewonnen, wenn diese Thematik in den Therapiegesprächen nicht ausgespart wird. Der Patient soll lernen, dass sich sein Lebensstil in allen Verhaltensmodalitäten bekundet, also auch in seiner Berufskarriere und seinem Arbeitsalltag. Kann Letzterer irgendwie saniert werden, hat das Auswirkungen auf den gesamtpsychischen Habitus und auf alle übrigen psychischen Funktionen.

Sowohl ein Zuviel als auch ein Zuwenig an Arbeit kann gesundheitsschädlich sein. Sofern der Patient im Schlupf- und Schmollwinkel seiner Neurose lebt, soll er herausgeholt werden und eine gesellschaftlich nützliche Tätigkeit aufnehmen. Arbeitet er aber im Übermaß, darf man ihn daran erinnern, dass – wie die Bibel sagt – der Mensch nicht nur vom Brot alleine lebt.

Jenseits der Arbeit gibt es enorm wichtige Lebensbereiche, und zwar nicht nur Liebe und Sexus, sondern auch die Sphäre der Kulturinteressen und die geistige Welt. Nur wer sich in persönlicher Weise Geist und Kultur aneignet, kann als Mensch im vollumfänglichen Sinne des Wortes bezeichnet werden. Den Unkultivierten nannten die Griechen mit dem Blick auf jenseits der Landesgrenzen den Barbaren. Barbar ist unseres Erachtens auch der Nur-Arbeiter, der Nur-Geldmensch, der sich nicht in die fortschreitende Kultur einfügt.

Aber wie lernt der Mensch in der Psychotherapie das Arbeiten? Der Psychotherapeut sollte nicht moralisieren und hat meist auch keine Trainingsprogramme zur Verfügung, in denen ein Gehemmter oder Angsthase die energische Tüchtigkeit erwerben kann. Wie also wird Arbeitsgeist und Mußefähigkeit im Therapiegespräch vermittelt?

Wir meinen, dass allein schon die therapeutische Situation eine hohe Schule des Arbeitenkönnens beinhaltet. Denn die beiden Protagonisten sollen gemeinsam das Lebensschicksal des Patienten durcharbeiten. Sie arbeiten am Erinnerungs- und Traummaterial und lernen miteinander das Verstehen, und zwar das Verstehen des Analysanden, des Analytikers und der ihnen gemeinsamen Lebenswelt.

Wenn Therapie richtig betrieben wird, ist sie Schwerarbeit für beide Beteiligte. Und es mag dem Patienten danach so gehen wie dem berühmten finnischen Marathonläufer Paavo Nurmi: Er trainierte immer in schweren Nagelschuhen. Wenn er an der Olympiade mit Turnschuhen lief, meinte er, überhaupt keine Beine zu haben; alles an ihm war schwerelos und rannte zum Sieg.

Die Mußefähigkeit wird im Analysanden gefördert, wenn dieser in der Psychotherapie dazu inspiriert wird, sein Leben als einen unendlichen Bildungsprozess zu sehen. Neurose ist unterbrochenes Bildungsgeschehen. Der Patient hat häufig so viele Sorgen mit seinen zwischenmenschlichen Beziehungen, dass ihm für die Bildungsarbeit wenig Kraft und Interesse bleibt. Ordnet er aber seinen Gefühlshaushalt, bekommt er freie Valenzen. Was soll er mit seinen neuen Kräften und Freiräumen anfangen?

Hier kann ihm der Therapeut zum Vorbild werden. Ist die Beziehung der beiden Protagonisten intakt und der Analytiker ein geistvoller, weltoffener Mensch, wird der Analysand die Neigung verspüren, diesem nachzueifern. Er wird sich zunächst einmal für die Tiefenpsychologie interessieren, die ihm seelische Erleichterung

und geistigen Fortschritt brachte. Das ergibt einen allgemeinen Aufschwung der kulturellen Interessen.

An der Tiefenpsychologie hängen nun aber alle übrigen Kulturwissenschaften; sie sind mit ihr eins. So wird das Therapiegespräch, wenn es in die Tiefe vorstößt, große geistige Horizonte eröffnen, die Arbeit und Muße des Patienten inspirieren können. Psychotherapie liegt richtig, wenn sie auf diese Weise die Menschwerdung von Patient und Therapeut im Blick behält.

Literatur

Biäsch H (1977) Angewandte Psychologie als Lebensaufgabe. Huber, Bern
Hehlmann W (1968) Wörterbuch der Psychologie. Kröner, Stuttgart
Nietzsche F (1988a) Menschliches, Allzumenschliches, KSA 2. dtv/de Gruyter, München/Berlin (Erstveröff. 1878/86)
Nietzsche F (1988b) Die fröhliche Wissenschaft, KSA 3. dtv/de Gruyter, München/Berlin (Erstveröff. 1882)
Schischkoff G (1978) Philosophisches Wörterbuch. Kröner, Stuttgartf

.

Besonnenheit

2

Angesichts der Hilflosigkeit und der geringen Klugheit des Menschen auf der einen Seite und der Schwierigkeit seiner Lebensaufgaben auf der anderen Seite ist die Tugend der Besonnenheit für ihn besonders wichtig. Denn durch maßvolles und überlegtes Verhalten kann man die Macht der Umstände annähernd richtig einschätzen und sich mit ihnen so arrangieren, dass Schaden vermieden und Nutzen bewirkt wird. Schon in der Antike wurde daher der besonnene Mensch als ein erstrebenswertes Ideal hingestellt. Von ihm erwartete man nicht nur, dass er seinen Pflichten gegenüber der Polis gerecht werde, sondern auch am ehesten zur Glückseligkeit, dem ethischen Hauptziel, befähigt sei.

Tatsächlich ist eine Lebensführung nur dann im Gleichgewicht, wenn der Mensch neben einer gewissen Intelligenz und Solidarität auch das Charakteristikum der Besonnenheit aufweist. Dadurch eröffnet sich ihm der Weg zur Kultureinfügung. Denn die Entfaltung aller übrigen Seelenkräfte ist daran gebunden, dass im Denken und Handeln Überlegung waltet. Die philosophische Anthropologie tendiert dazu, im Besonnensein den Ursprung der Reflexionsfähigkeit und damit auch der Sprache zu lokalisieren. Das war schon die Meinung Johann Gottfried Herders im 18. Jahrhundert. Für den Psychologen und Menschenkenner ist es darum lehrreich, die Pädagogik und Psychologie der Besonnenheit zu studieren.

2.1 Sprachliche und sprichwörtliche Erwägungen

Die Erörterung eines psychologischen Themas sollte auch begriffsanalytisch vorgehen, denn die Sprache ist die älteste Psychologie der Menschheit. Kennt man die sprachlichen Bedeutungsnuancen eines Begriffs, hat man bereits einigen Einblick in seine Problematik überhaupt.

Die üblichen Bedeutungswörterbücher nennen als Synonyme für das Wort »besonnen«: be-

dächtig, erwägend, abwägend, gelassen, überlegt, ruhig, vernünftig, vorsichtig, achtsam und umsichtig. Das sind alles Eigenschaften, in denen Angst, Begierden und Affekte kaum je hervortreten. Wer gemäß den genannten Merkmalen denkt oder handelt, ist auf die Realität bezogen und nicht auf Phantome oder heftig begehrte Triebziele. Er ist im Wesentlichen ein »Homo sapiens«, ein durch Vernunft ausgezeichnetes Lebewesen.

Sein Leben vollzieht sich aus dem inneren Gleichgewicht heraus. Er befasst sich nicht nur mit den Bedürfnissen und Wünschbarkeiten des Augenblicks, sondern verwertet Erfahrungen der Vergangenheit und bedenkt mögliche Folgen in der Zukunft. Sorgfältig prüfend beurteilt er die faktischen Gegebenheiten und richtet danach seine Handlungsmaximen und Zielvorstellungen aus. Er ist offen (vernehmend) für die Welt, in der er lebt, und für die Mitmenschen, mit denen er sich verbunden fühlt.

Besonnenheit ist eine grundlegende Tugend und von daher ein Strebensziel für den auf das Ethos ausgerichteten Menschen. Man kann sich fragen, ob eine gediegene, moralisch fundierte Lebensführung ohne diese Qualifikation überhaupt möglich sei. Das von uns schon oft zitierte *Wörterbuch der Psychologie* von Wilhelm Hehlmann sagt über diesen Aspekt des ethischen Menschseins:

>> **Besonnenheit**, der Zustand kontrollierter Wachheit unter Abschirmung sachfremder Affekte oder Triebregungen. Als Dauerhabitus einer Person schließt Besonnenheit sowohl Überblick als auch Mäßigung und ausgeglichene Emotionalität ein. In diesem Sinne galt sie den Griechen als Kardinaltugend (Sophrosyne) (Hehlmann 1968, S. 49). **<<**

Eine Zitatsammlung (hrsg. von C. Greiff) bringt zu unserem Stichwort folgende Zitate aus der Weltliteratur: »Willst du einen Wächter haben, der vor Schaden wacht? Nimm dir einen an zum

Diener namens Wohlbedacht!« (Logau, *Sinngedichte*); Sophokles sagt in seiner *Elektra*: »Für Menschen ist der edelste Gewinn die Vorsicht und ein klug bedachter Sinn.«

Platon lässt im *Kriton* seinen Sokrates die Verhaltensregel formulieren: »Von je ist es meine Art, dass ich von meinen Regungen keiner anderen folge als dem Gedanken, der sich mir beim Nachdenken als der beste erweist.« Thomas Fuller soll erklärt haben: »Besonnenheit ist die seidene Schnur, die durch die Perlenkette aller Tugenden läuft.« Laotse meint: »Wenn zwei zusammenstoßen, siegt der Besonnene.« Ein deutsches Sprichwort behauptet lakonisch: »Besser unbegonnen als unbesonnen.«

Diese Kommentare zum Bedeutungsumfeld des Wortes Besonnenheit und die Zeugnisse der Dichtung oder der Weisheit der Völker lassen uns ahnen, dass unser Problem in zentrale anthropologische Fragestellungen führt. Daher werden wir zunächst die Philosophie konsultieren, die sich schon seit jeher mit der Stellung dieser Tugend im Menschenleben befasste; die Griechen machten hierin den Anfang.

In der platonischen Tugendlehre nimmt die »Sophrosyne« (Besonnenheit, Zucht und Maß) einen zentralen Platz ein. Ihr Parallelstück ist die »Dikaiosyne« (Rechtschaffenheit); Letztere bezieht sich auf den Umgang mit anderen, indes Erstere eher ein Verhalten sich selbst gegenüber anvisiert.

Zur Sophrosyne (auch gesunder Sinn) gehören Selbsterkenntnis und die Fähigkeit, sich mit den Augen der anderen zu sehen. In ihr liegt die Idee der Selbstbeherrschung sowie der Kontrolle über Affekte und Leidenschaften. Am Apollo-Tempel zu Delphi sollen die Worte in Stein eingemeißelt gewesen sein: »Nichts zuviel!« Das Maßhalten erschien den Griechen als eine der herausragenden Eigenschaften des vernünftigen Menschen; sie hatten diese Tugend, wie ihre Geschichte lehrt, bitter nötig.

Die Griechen sahen in den Trieben und Begierden nichts Böses oder Krankhaftes. Daher meinten sie mit Selbstkontrolle gewiss nicht asketische Selbstvergewaltigung, sondern die Formung des inneren Menschen (»Paideia«).

Erst das Christentum hat den Sündenbegriff mit der menschlichen Triebhaftigkeit eng verkoppelt. Das führte durch die radikale Unterdrückung der angeblich maßlosen Triebe zu anderen Maßlosigkeiten, als sie die sinnenfrohe Antike gekannt hatte. Man trieb die scheinbaren Laster mit Hilfe von scheinbaren Tugenden aus, die weithin selbst als lasterhaft anmuten.

Die Besonnenheit verlangt, sich redlich mit der Triebnatur des Menschen und seinen Affekten auseinanderzusetzen, um diese vitalen Kräfte in kulturelle oder soziale Ziele einmünden zu lassen. Man muss ein Gleichgewicht zwischen Trieb, Affekt und Wertempfinden herstellen. Dieses bleibt ewig labil und muss Tag für Tag aufs Neue errungen werden. Der zuchtvolle Mensch gestaltet sein Leben so, dass er die Forderungen von innen und außen nicht überhört und beiderlei in Harmonie zu bringen versucht.

So entsteht der charakterlich durchgebildete und gefestigte Mensch, den die Griechen schön und gut nannten. Er ist durch die Feinheit und den Reichtum seiner Gefühle gekennzeichnet; für ihn erst eröffnen sich die Wege zum glückseligen Leben.

> **Wo immer Besonnenheit zustande kommt, ist sie das Produkt einer langen und geduldigen Selbsterziehung. Dabei entsteht die Basis für die anderen großen Tugenden wie Weisheit, Tapferkeit und Gerechtigkeit.**

Nach altgriechischer Erkenntnis muss der Mensch diszipliniert werden, wenn er sich zum sittlichen Format erheben will. Der Erziehung fällt hier ein bedeutsamer Aufgabenbereich zu. Sie darf aber nicht glauben, dass Zucht und Maß allein schon den Wert eines Menschen ausmachen. Daher sagte Nicolai Hartmann in seiner *Ethik*:

2

» Die Schulung der Selbstüberwindung im Kleinen, die Erlernbarkeit des Gehorsams, der Zucht, die Erstrebbarkeit und Erwerbbarkeit der inneren Lebensform, die Gewöhnung an das Dominieren fester Willensziele über die schwankende Neigung, kurz die innere Disziplin, die schließlich in Selbstzucht, spontane Selbstbeherrschung und Selbstleitung einmündet – alles das ist von alters her der Pädagogik wohlbekannt. Die populäre Moral ist daher oft genug in den Fehler verfallen, die »Zucht« für die Sittlichkeit überhaupt zu halten. Das ist ebenso falsch wie die einseitige Moral der Gerechtigkeit oder Tapferkeit (Hartmann 1926, S. 438). «

Platon widmete seinen Dialog *Charmides* dem Thema der Besonnenheit. Er legte dabei vor allem den Akzent auf den Faktor der Selbsterkenntnis. Diese gelingt nur, wenn der Mensch unter dem Leitstern der Idee des Guten lebt. Nur der gute Mensch kann seelisch ausgeglichen werden, mäßigt seine Begierden und begreift die Grenzen, die ihm in seinem Tun und Wirken gezogen sind. Maßlos und unbesonnen wird jener Typus, der in der Dumpfheit seines Lebens und Erlebens irgendeiner Spielart der Hybris anheimfällt.

Auch Aristoteles bleibt in dieser Gedankenspur, wenn er in der *Nikomachischen Ethik* den Standpunkt vertritt, jede Tugend sei eine Mitte zwischen zwei Extremen oder Schlechtigkeiten. Sparsamkeit ist in diesem Sinne die Mitte zwischen Geiz und Verschwendungssucht; auch die Besonnenheit ist vermittelnd zwischen Zügellosigkeit und Gefühllosigkeit.

Man hat gegen diese Proklamierung des goldenen Mittelweges oft polemisiert. Aber sie trifft etwas anthropologisch Reales, denn das Gefühl ist eine Mitte zwischen Begierde und Rationalität, und Gefühle sind die Domäne des ethischen Verhaltens. Der moralische Mensch ringt um Ausgleich zwischen inneren Gegensätzen und um Harmonisierung des äußeren Daseins.

2.2   Zur psychologischen Theorie

Charakterzüge wie Besonnenheit und Unbesonnenheit sind im menschlichen Seelenleben nie als isolierte Eigenschaften anzutreffen; sie sind eingebettet in Wesenszüge, die zu ihnen eine gewisse Verwandtschaft aufweisen. Es kommt zu einer Struktur, zu einer gegliederten Ganzheit, deren Teile sich wechselseitig bedingen. Dem forschenden Blick werden die tragenden Komponenten der strukturellen Totalität sichtbar. Diese herauszuheben ist die Kunst der phänomenologischen Betrachtungsweise.

Wir konzentrieren uns in erster Linie auf die Unbesonnenheit, wobei durch das Verständnis dieses Phänomens auch sein Gegenteil geklärt wird. Den Beobachtern ist aufgefallen, dass der unbesonnene Mensch vor allem durch drei Wesenseigentümlichkeiten gekennzeichnet ist: Er unterliegt sowohl seinen Ängsten als auch seinen Begierden und Affekten. Diese konstellieren in unterschiedlichen Mischungen das Bild der seelischen Chaotik, welcher das Maß weitgehend fremd bleibt.

- **Ängste**

Sigmund Freud vertrat die Ansicht, dass im Zentrum aller psychopathologischen Zustände Ängste vorzufinden sind. Die Existenzphilosophen erweiterten diesen Befund und machten geltend, dass jeder Mensch mit dem Thema der Daseinsangst konfrontiert ist.

Je mehr es dem Einzelnen gelingt, seine Ängste als solche zu erkennen und Strategien zu entwickeln, sie zu überwinden oder zumindest in Schach zu halten, umso besonnener wird er im Leben stehen. Umgekehrt verengt sich für den Ängstlichen die Bandbreite seiner Wahrnehmungen und Handlungsmöglichkeiten, wodurch er zu Unbesonnenheiten aller Art neigt. Seine Urteile und sein Agieren sind von Sorgen und Befürchtungen durchsetzt und kaum noch von Bedacht und Vernunft geleitet.

■ **Begierden**

Bei den Begierden unterscheiden wir zwischen

- Machtgier,
- Geldgier,
- sexuelle Triebhaftigkeit und
- Anerkennungshunger.

Machtgier Machtlüsterne Menschen gibt es auf allen Stufen der Gesellschaftspyramide, selbst auf den untersten. Am deutlichsten jedoch zeichnet sich die Machthybris in den höheren Rängen ab. Man findet unter Politikern, Militärs und Wirtschaftskapitänen Charaktere, für die Macht und Ruhm die höchsten Lebenswerte darstellen. Sie sind vom dranghaften Bedürfnis getrieben, sich auszuzeichnen und andere Menschen unter ihre Botmäßigkeit zu bringen.

So viel Macht und Gewalt sie auch in ihren Händen vereinigen mögen, kommen sie doch nie zur Ruhe, weil sie im Grunde Gottähnlichkeit anstreben. Sie sind süchtig nach Herrschaft, so dass sie das Realitätsprinzip aus den Augen verlieren. Äußerlich legen sie sich eventuell die Maske der Besonnenheit zu, aber im Innern tobt der Durst nach Allmacht, der nie befriedigt werden kann. Man denke an die Diktatoren unseres Jahrhunderts, die Psychopathen der Macht in Reinkultur waren.

Geldgier Ähnliches findet man bei Wirtschaftsführern, deren zügellose Jagd nach Geld im Grunde eine Jagd nach »power« ist. Manche von ihnen gestehen freimütig, dass es ihnen gar nicht um wirtschaftliche Überlegenheit geht. Sie genießen es, hoch über anderen zu stehen und die Schicksale vieler in ihren Händen zu halten. Diesem Streben opfern sie nicht selten Glück und Gesundheit.

Sexuelle Triebhaftigkeit Auch der Sexus verträgt sich bei manchen Menschen in keiner Weise mit der Idee von Zucht und Maß. In diesem Bereich verhalten sich selbst kluge Menschen oftmals äußerst unbesonnen. Es besteht hier infolge von

Verdrängung und Verwahrlosung nicht selten ein Rationalitätsdefekt. Es rächt sich an zahllosen Charakteren, dass wir in einer Verdrängungskultur leben, die es uns nicht erlaubt, uns auf lebensfreundliche Weise mit diesem Grundtrieb auseinanderzusetzen.

Beispiele für die Unbesonnenheit »in sexualibus« sind tausendfältig. Wir erwähnen in diesem Zusammenhang das Problem der Schwangerschaftsverhütung. Trotz hundert Jahren Psychoanalyse und Sexualwissenschaft wissen heute noch nicht alle Menschen ausreichend Bescheid, wie sie sich vor unerwünschten Folgen des Geschlechtsverkehrs schützen können. Immer wieder begnügt man sich mit unzuverlässigen Verhütungsmethoden, die dann auch prompt zur Befruchtung führen.

Kommt es zu einem Schwangerschaftsabbruch, möchte man meinen, dass die Betroffenen daraus eine Lehre ziehen. Aber das ist oft nicht der Fall. Die gynäkologischen Fachleute zweifeln an der Möglichkeit, durch Aufklärung sichere Verhütungstechniken durchsetzen zu können. Sicherlich spielt hierbei auch die Religion eine verhängnisvolle Rolle. In den Entwicklungsländern ist die Bevölkerung arm, analphabetisch und frommgläubig, so dass von dorther eine zukünftige Bevölkerungslawine als unvermeidlich prognostiziert werden kann.

Auch die Ansteckung mit Geschlechtskrankheiten enthält weithin den ätiologischen Faktor der Unvernunft. Wer Promiskuität oder Verkehr mit Prostituierten bevorzugt, kann sich irgendwann mit einem venerischen Leiden infizieren. Im triebhaften Drang wollen und können viele nicht daran denken, dass es solche Erkrankungen überhaupt gibt. Oder es steckt dahinter die narzisstische Überzeugung: »Einem Menschen wie mir kann nichts passieren!«

Ähnlich schwierig ist es, Besonnenheit und Vernunft in der Partnerwahl zu praktizieren. Wie man Partner wählt und wie man eine Partnerschaft gestaltet, ist selten ein Ausdruck von Lebensklugheit und Reife, sehr oft jedoch ein

2

Symptom von Neurose, Lebensangst und unbewusstem Machtwillen. Thomas Mann hat in einem Aufsatz um 1920 über das Thema Ehe (angeregt durch eine Veranstaltung des Grafen Keyserling in seiner Darmstädter *Schule der Weisheit*) eindrücklich gesagt, dass es einen erheblichen Unterschied ausmacht, ob man einen Partner für ein Abenteuer bzw. ein kurzfristiges Verhältnis oder aber für eine lebenslange Bindung sucht. Er selbst war in der Partnerwahl ungemein besonnen, und der alte Schriftsteller hat dankbar eingestanden, dass er sein Lebenswerk ohne den Beistand von Frau Katia nie zustande gebracht hätte.

Anerkennungssucht Beim Stichwort Anerkennungssucht denken wir an eitle Menschen, die jedem Lob und Applaus bis zur Erschöpfung nachlaufen. Dieser Drang kann so groß sein, dass für solche Charaktere nur jene Mitmenschen akzeptabel sind, die ihnen uneingeschränkt huldigen. Wer Kritik oder Vorbehalte gegen sie hat, kommt als Beziehungsperson für sie nicht in Betracht.

Ein sicheres Diagnostikum für fieberhaften Anerkennungshunger ist die Dialogunfähigkeit dieses Typus. Er pervertiert in seinem Narzissmus jedes Gespräch in einen Monolog, in dem er sich selbst glanzvoll darstellen will. Das Gegenüber wird in die Rolle eines reinen Zuhörers verwiesen. Wie monomanisch solches Über-sich-selber-Reden sein kann, illustriert treffend die folgende Anekdote:

» Ein Schriftsteller trifft einen Freund, den er schon seit langem nicht mehr gesehen hat. Fast zwei Stunden lang spricht er über sich selbst ohne Punkt und Komma. Dann aber hält er verblüfft inne und sagt: »Wie unhöflich von mir! Ich lasse Dich überhaupt nicht zu Wort kommen. Jetzt musst Du endlich auch über Dich sprechen. Sag' mal, was hältst Du von meinem neuesten Buch?« «

■   **Affekte**

Über das Wesen der Affekte haben wir uns schon mehrfach geäußert. Wir halten sie für Kompensationen einer gefühlten Minderwertigkeit, die zur Macht hinstreben. Das ist leicht an einigen – im Folgenden beschriebenen – grundlegenden Leidenschaften oder affektiven Charakterzügen aufzuzeigen.

Eifersucht Wie maßlos und unbesonnen eifersüchtige Menschen sein können, darf als bekannt vorausgesetzt werden. Der Eifersuchtskranke nimmt jeden Verdacht eines Treuebruchs bereits für eine Bestätigung. Er wütet gegen den Partner, dessen Liebe er sich sichern und erhalten will. Streitend und herrschsüchtig wirbt er/sie um Zuneigung, was ein Widerspruch an sich ist. Aber die Leidenschaft des Misstrauens beherrscht den Eifersüchtigen, und er opfert das Glück in der Liebe dem Dämon, dem er anheimgefallen ist.

Neid Auch der Neid entbehrt der Vernunft und des Maßes. Er sieht den eigenen Besitz als klein und unscheinbar an; was andere haben, ist allein wertvoll und imponierend. Der Neidaffekt wird zur verzehrenden Leidenschaft, von welcher der Betroffene nicht loskommt. Im Gegenteil: Immer und überall hält er sich die eigene Benachteiligung und die Begünstigung der anderen vor Augen, bis ihm das Neidfieber zur süßen und qualvollen Gewohnheit wird.

Stets wird der Neid durch Passivität verstärkt. Der Neidische strengt sich nicht an, um mit den beneideten Menschen gleichzuziehen; ihm genügt es, wenn er hasserfüllt Welt, Schicksal und Mitmenschen anklagen kann. Ähnlich wie die Eifersucht ist der Neid selbstzerstörend und löst menschliche Bindungen auf.

Geiz Geiz und Maß sind ebenfalls kontradiktorisch. Man pflegt nie zu beobachten, dass der Geizhals in seinem leidenschaftlichen Besitzstreben zufrieden wird, wenn er genug Geld und Besitz hat. Er will immer mehr, und das, was er noch nicht hat, reizt seine Begehrlichkeit. Eher fasst er den eigenen Untergang ins Auge, als dass er sich von seinem Hab und Gut, von seiner »Geldkassette« (man denke an Molières Harpagon) trennt.

Hass Unbesonnen ist auch der Hass. Er will die Vernichtung seines Objektes, und koste es das eigene Leben. Hass ist Destruktionsbegierde, ein wilder Affekt, der aus der Verzweiflung an der eigenen Impotenz und Unzulänglichkeit erwächst. Hass ist mit Neid, Eifersucht und ähnlichen Regungen verwandt.

Zorn und Wut Abschließend sei noch auf Zorn und Wut verwiesen, welche direkte Manifestationen des Machtbedürfnisses sind. Solche Menschen sind fast andauernd auf Selbstdurchsetzung gestimmt, ohne Rücksicht auf andere. Begegnen sie Widerständen, wollen sie diese mit Gewalt aus dem Wege räumen. Sie kennen nicht den konzilianten und kompromissbereiten Dialog; alles soll sich ihren Ansprüchen fügen.

Dahinter liegt oft eine soziale und innerseelische Gehemmtheit, also Unbeholfenheit. Das erlebt der Betroffene allerdings nicht so, sondern er missdeutet seine permanente Aggressivität als starkes Temperament oder Vitalstärke. Eine analytische Betrachtungsweise jedoch zeigt, dass Wut und Zorn in der Regel ruhelose Überkompensationen von erheblichen Minderwertigkeitskomplexen sind.

Als Gegenprobe zu unseren obigen Überlegungen kann man die sozial verbindenden Charakterzüge oder Gefühlshaltungen auflisten, die nach unseren Überlegungen logischerweise mit der Besonnenheit korrelieren müssen. Wer besonnen ist, wird vermutlich auch folgende Wesenseigenschaften in sich tragen:

- Freude,
- Mitgefühl,
- Arbeitsfähigkeit und Liebesfähigkeit,
- Vernunft und Humor,
- Geduld,
- Wohlwollen und Sozialinteresse im weitesten Sinn.

Freude Freude entspringt einem inneren Freiheitsgefühl, der Verankerung in der Realität mit allen ihren Möglichkeiten der Expansion und Selbstwertsteigerung. Sie steigt auf aus dem gelingenden Leben und ist Resultat der Wertverwirklichung irgendwelcher Art. Sie mäßigt Affekte und Begierden und stabilisiert das Ich. Daher ist sie mit Besonnenheit verwandt und verwoben.

Mitgefühl Mitgefühl (Mitleid) galt für Arthur Schopenhauer als die ethische Grundtugend. Der mitfühlende Mensch durchbricht das Individuationsprinzip und empfindet angesichts des Mitmenschen die Richtigkeit des indischen Weisheitswortes: »Das bist Du!« Durch diese fast kosmische Solidarität entsteht wiederum innere Sicherheit, die zur Besonnenheit führt.

Arbeits- und Liebesfähigkeit Arbeits- und Liebesfähigkeit, von Freud zu Kriterien der psychischen Gesundheit erhoben, sind hohe ethische Qualifikationen. Sie festigen die Personalität des Menschen. Die Person erhält durch sie Zeit überdauernde Aufgaben, die ihre Existenz konsolidieren. Arbeitend und liebend synthetisiert der Mensch Vergangenheit, Gegenwart und Zukunft.

Vernunft und Humor Vernunft und Humor sind geistige Dimensionen des menschlichen Daseins. Auch sie entspringen der Besonnenheit, dem eigentümlichen Zustand des Schwebens über den gegebenen Verhältnissen, welche der Mensch vernünftig oder humorvoll transzendiert.

Geduld Der geduldige Mensch weiß um die Komplexität etwaiger Lebensaufgaben und ak-

2

zeptiert, dass für deren Lösung viele und wiederholte Schritte von Lernen und Entwicklung nötig sind. Geduld bewirkt daher ein besonneneres Gestalten der eigenen Existenz.

Wohlwollen und Sozialinteresse Auch Wohlwollen und Sozialinteresse machen den Menschen realitätstüchtig. Aus ihnen bezieht er die Kraft, das eigene Dasein klug zu planen und schöpferisch zu gestalten. Ihre Wurzeln liegen im »Common Sense«, den Alfred Adler als Ausdrucksform des Gemeinschaftsgefühls beschrieben hat.

2.3 Phänomenologie und Existenzanalyse

Es gibt schier unendlich viele Unbesonnenheiten des Menschen. Wir haben diese durch eine Art phänomenologischer Betrachtungsweise auf drei Elementarstrukturen zurückgeführt: Angst, Begierde und Affekte (Leidenschaften). Sofern diese genannten Motivationen im Seelenleben dominant sind, kann der Mensch nicht besonnen sein.

Wenn wir den phänomenologischen Blick noch gründlicher und genauer auf unserem Phänomen verweilen lassen, können wir dann noch tiefere Fundierungen entdecken? Diese Frage zielt darauf ab, das Unbesonnensein in der Grundverfassung der menschlichen Existenz überhaupt zu verankern.

■ **Seinsweise des Menschen**

Hier hilft uns ein Gedankengang von Martin Heidegger weiter. In seinem Hauptwerk *Sein und Zeit* (1927) analysiert er die Seinsweise des Menschen und arbeitet deren Existentiale heraus, also die Kategorien des Seins, die für den Menschen (vom Philosophen als Dasein bezeichnet) charakteristisch sind.

Geworfenheit des Daseins Ein solcher Fundamentalbefund ist die Geworfenheit des Daseins.

Das ist ein Begriff aus der Gnosis im Altertum. Dass der Mensch geworfen ist, besagt eigentlich nur, dass er irgendwann zum Bewusstsein erwacht und sich an einer beliebigen Stelle des Raumes und der Zeit zufällig vorfindet. Er hat nicht gewählt, wo und wann er existieren wird. Das kann man in das Bild fassen, dass man gleichsam von irgendwoher in die Welt hineingepflanzt wird und die Aufgabe übernimmt, aus der Zufälligkeit der Existenz etwas Gehaltvolles zu machen. Nach Heidegger reagiert das Dasein auf das Geworfensein mit einem persönlichen Entwurf, mit Zielen, Zwecken und Werten, welche der primären Absurdität einen Sinn geben.

Existential des Verfallens Aber dieses Sich-Entwerfen zum Selbstsein ist mühsam und wird daher von den meisten gemieden. Für den bequemeren Teil der Menschheit kommt das Existential des Verfallens in Betracht. Man verfällt an die Macht der Gegebenheiten und Umstände und versäumt es, das eigene Selbst zu entwickeln. Man wird ein Spielball der äußeren Rahmenbedingungen der Existenz und lebt nicht aus sich heraus, sondern wird von den Umständen gelebt. In dieser Konstellation ist es fast unmöglich, die Tugend der Besonnenheit zu entwickeln.

Selbstentfremdung Diese Beschreibungen Heideggers wurden seinerzeit sehr gerühmt, aber sie waren im Grunde nicht neuartig. Sie visierten ein Phänomen an, welches die Philosophie seit langem als Selbstentfremdung kennt. Seit dem Anbruch der Neuzeit haben Denker darauf verwiesen, dass der Mensch dazu neigt, sein Selbst aus den Augen zu verlieren und sich durch fremde Mächte und Instanzen bestimmen zu lassen.

■ **Manifestationen des Verfallens und der Selbstentfremdung**

Von Bacon über Helvétius, Schopenhauer, Feuerbach, Nietzsche, Marx und bis zu den Soziologen der letzten hundert Jahre spannt sich der Bogen jener illustren Autoren, die uns klargemacht haben, dass Selbst- und Personsein beim Menschen etwas Seltenes ist. Eher schon kommt Vermassung und Entfremdetsein vor, und wer sich selbst verloren oder noch nie gefunden hat, kann in ethischer Hinsicht meist nur eine eingeschränkte Daseinsform realisieren.

Vielleicht verstehen wir an dieser Stelle noch deutlicher, warum die Unbesonnenheiten des Menschen in den Ängsten, Begierden und Affekten gründen. Alle drei seelischen Phänomene sind Manifestationen des Verfallens und der Selbstentfremdung. Sowohl im Zustand der Triebhaftigkeit und der Affektivität als auch der Verängstigung verliert sich das Subjekt an seine Objekte. Es kommt nicht zu einer Interaktion von Personen, sondern anstatt eines Ich-Du-Verhältnisses zu einer Ich-Es-Beziehung, welche die Personalität leer ausgehen lässt.

Hegel sagte mit Recht, dass jede Begierde ihren Gegenstand verbraucht. Auch die Affekte lassen ihre Objekte nicht frei existieren, sondern wollen sie überrennen, manipulieren und beherrschen. Der Ängstliche schließlich befindet sich tendenziell immer auf der Flucht und verliert somit die menschlichen Beziehungen aus den Augen.

So liegt denn in Angst, Begierde und Affekt ein Verlust von Frei- und Personsein, wobei dies nicht ohne Einwilligung des Subjekts geschieht. Für den Laien ist dieser Gedanke nicht leicht zumutbar, aber er beschreibt einen psychologischen Sachverhalt:

» Wo der Mensch ängstlich, begehrlich und affektgeladen reagiert, hat er zuvor seine Freiheit abgetan und an die Welt der Objekte verkauft. «

- **Personsein**

Wenn Besonnenheit zum Tragen kommen soll, muss der Mensch Person im eigentlichen Sinne des Wortes werden. Das Personsein wird ihm nicht geschenkt. Er muss eigene, unermüdliche Anstrengungen einsetzen, um die Personalität zu entfalten. Das geschieht in jedem Fall gegen den hartnäckigen Widerstand der stumpfen Welt. Denn die Gesellschaft und die lieben Mitmenschen haben es nicht gern, wenn einer Personalität anstrebt. Damit stört er den üblichen Ablauf der gesellschaftlichen, ökonomischen und zwischenmenschlichen Vorgänge. Er wird sperrig und kann nicht so leicht manipuliert werden, wie man es haben will.

Person ist Du sagendes Ich. Sie wächst in echten emotionalen Beziehungen heran und kann nur durch eine starke Emotionalität existent bleiben. Des Weiteren lebt die Person in ständiger Beziehung zur Welt der Werte; ein wertblindes Existieren wird in der Selbstentfremdung verharren. Sodann gehört zum Personsein die möglichst integrale Entfaltung der Sinndimension menschlicher Existenz.

❯ Nur wo Sinn erlebt, erkannt und realisiert wird, hat Personalität die Atmosphäre, die sie zum Leben und zu ihrer weiteren Entwicklung benötigt.

Es ist kein Zufall, dass Besonnenheit und Sinn etymologisch an dieselbe Sprachwurzel erinnern. Jede scharf blickende Menschenbeobachtung zeigt, dass jene, die durch Erziehung und Lebensumstände an Sinn-Blindheit leiden, durchaus nicht besonnen sein können. Sie existieren gewissermaßen in einem existentiellen Vakuum oder leiden, wie Viktor Frankl sich ausdrückte, an einer existentiellen Neurose. Sinnmangel führt unweigerlich zum Person-Abbau und ist Quelle tief liegender Angsterfahrungen.

❯ Wir vertreten demnach die These: Die unbesonnene Lebensführung gründet in einem personalen Manko, einer Einebnung und Nivellierung des menschlichen Daseins, das im Verfallen an Umwelt, Tradition und gesellschaftliche Zwänge die Geburt des Selbst versäumt hat.

Daher nützt es wenig oder gar nichts, wenn man einen Menschen wegen seiner unbesonnenen Taten und Handlungen kritisiert. Er ist nicht in der Lage, sein chaotisches Tun und sein nihilistisches Treiben nach Wunsch abzustellen. Er muss in seinem Personsein gestärkt und angehoben werden, damit er zur umfassenden Selbstbesinnung gelangt und daraus die jeweiligen Formen des Besonnenseins ableiten kann.

■ **Psychotherapieziele**
Psychotherapie in unserem Sinne bedeutet, durch Selbsterforschung des Patienten, durch Dialog und Interaktion mit dem Analytiker und Erkenntnis des gesamten Lebenszusammenhangs das Personsein zu begünstigen und dadurch Änderungen im Verhalten zu ermöglichen. Der Patient soll sich im Laufe der Zeit aus dem Wust seiner Lebensbedingungen herausarbeiten, seine innere Eigenständigkeit erfahren und im Blick auf die Wertwelt und die Realität ein gehaltvolles Dasein zustande bringen. Neurose ist Selbstverlust, und die Heilung muss auf die Gewinnung des Selbstseins hinzielen. Das ist nicht denkbar ohne eine gewaltige Schulung in der Besinnlichkeit und Nachdenklichkeit. Aus einem triebhaft reagierenden, affektgeladenen und verängstigten Menschen muss ein halber oder ganzer Weiser werden, der zu weitreichender Sicht und Umsicht im verwirrenden Menschenleben befähigt ist.

Versagung Nach dem Konzept von Freud soll die seelenärztliche Behandlung wesensmäßig eine konstante Einübung in Besonnenheit und Vernunft sein. Das wird in der Regel unter dem Stichwort Therapie in der Versagung abgehandelt. Der Patient soll in der analytischen Kur auf seine primitiv-triebhaften, affektiven und ängstlichen Verhaltensmuster nach Möglichkeit verzichten lernen; reflektieren anstatt agieren ist die Parole.

Man darf als Analysand in der Psychoanalyse alle nur denkbaren Gedanken, Gefühle und Affekte äußern, aber sofern man sie agiert, stört man empfindlich den Gang des Selbst- und Fremdverstehens und die Einordnung des psychischen Materials in übergreifende Zusammenhänge.

Nach Freud ist es ein Triumph der Analyse, wenn der Patient weitgehend auf jegliches Agieren seiner Probleme, Konflikte und Komplexe verzichtet. Er soll in der Zeit der Behandlung mit seinem Mentor zusammen sein Leben der Reflexion unterwerfen, die allein eine grundlegende Veränderung des seelischen Instrumentariums erlaubt.

Wie oft handeln die Analysanden diesem weisen Gebot entgegen! Sie können es einfach nicht lassen, ihre inneren Nöte in Taten und Untaten umzusetzen, da sie im Allgemeinen in der Kunst des Nachdenkens und der Zukunftserwägung unbeholfen sind. Freud riet seinen Patienten sogar, im Verlauf der analytischen Kur keine lebenswichtigen Entscheidungen bezüglich Beruf, Liebe, menschlichen Umgang und Geldfragen zu treffen; man solle den Erfolg der Analyse abwarten und dann erst sein Dasein umordnen und revidieren.

Man predigt jedoch Fischpredigten, wenn man derlei vom Patienten verlangt. Der heilige Antonius von Padua konnte so wundervoll predigen, dass die Fische im Meer zum Ufer schwammen, um seine edlen Gedanken anzuhören. Dabei hörten sogar die Raubfische auf, die anderen Fische zu verfolgen und zu fressen. Aber wenn der Heilige geendet hatte, ging alles von Neuem los; es wurde wieder gejagt und geflüchtet, und das große Fressen nahm kein Ende.

Ähnlich sind auch die Analysanden in der therapeutischen Sprechstunde gutwillig und geloben, ein besonnenes Leben zu führen. Sind sie aber wieder draußen im Leben, wollen sie wieder alles schnell und nach ihrem Kopf haben. Sie begehen Unbesonnenheiten, deren Klärung oft Wochen und Monate der Analyse in Anspruch nimmt.

Sprechen und Handeln Die Therapie strebt an, die unbesonnenen Patienten zu lehren, im Sprechen und Handeln vernünftig zu werden. Seit ihren Anfängen ist die analytische Kur eine Behandlung im Medium der Sprache. Sie leitet den Patienten dazu an, seine sprachlichen Äußerungen in Übereinstimmung zu bringen mit den inneren und äußeren Sachverhalten seines Lebens. Er soll nicht nur exakt sagen können, woran und worunter er leidet, sondern auch mit seinem therapeutischen Mentor den Kosmos der menschlichen Kommunikation assimilieren. Man spricht miteinander, um einen Brückenschlag zwischen Ich und Du zu vollziehen. Des Weiteren soll man sich an der Wahrheit orientieren, denn ohne diese ist sprachliches Kommunizieren bedeutungslos.

Der unbesonnene Patient begreift das anfänglich kaum und inkliniert dazu, aus der menschlichen Rede Geschwätz zu machen. Man plappert so leicht dahin, als ob das Reden keine Folgen und Konsequenzen hat. Es ist erstaunlich, wie viel die Menschen sich selbst und anderen durch unbedachte Worte Schaden zufügen. Man kann sich manchmal regelrecht um sein Glück und sein Leben reden. Vor allem seelisch gestörte Menschen übernehmen viel zu wenig Verantwortung für das, was sie ihren Mitmenschen sagen.

Ebenso wichtig ist aber auch das Handeln im menschlichen Dasein. Hier scheitert fast jeder neurotisch Erkrankte, da er sich nicht genug in der Realität verankert. Handelnd greift der Mensch in den Gang der Dinge und Geschehnisse unwiderruflich ein. Was man getan hat, ist in den objektiven Weltzustand eingegangen und kann nicht mehr zurückgeholt werden. Unbesonnene Menschen wollen das nicht wahrhaben und verhalten sich oft so, als ob es auf ihre Taten nicht ankäme. Sie fallen dann aus allen Wolken, wenn man sie für ihr Tun haftbar macht. Das ist eben das Realitätsprinzip, das in der Neurose und anderen psychischen Anomalien so hartnäckig geleugnet wird.

Will nun der Therapeut den Patienten Besonnenheit nahebringen, darf er ihnen diese nicht nur verbal explizieren, sondern muss sie ihnen regelrecht vorleben. Das geschieht hauptsächlich in den Schicksalen und Schwankungen der Übertragungssituation.

> **Die psychoanalytische Regel sagt: In der Handhabung von Übertragung und Gegenübertragung liegt die wesentliche Meisterschaft eines Analytikers. In der Art, wie er die Übertragungskämpfe mit seinem Analysanden durchsteht, kann er ihm mehr helfen als mit erzgescheiten Deutungen und raffinierten Interpretationen.**

Da Freud das Ideal eines besonnenen Therapeuten vorschwebte, empfahl er den Psychoanalytikern, kühl und unbeteiligt wie ein Spiegel die Äußerungen und Verhaltensweisen des Patienten widerzuspiegeln. Diese Forderung enthält eine Übertreibung; sie verleitet so manche Seelenärzte dazu, emotional abzuschalten und eine rationale Fassade aufzubauen. Freud selbst war übrigens alles andere als kühl und unbeteiligt; seine Analysanden haben davon berichtet, dass er mit Leidenschaft auf seine Klienten reagierte und nur phasenweise die nüchterne Forscherhaltung hervorkehrte.

Aber es ist wahr: Besonnenheit und Maßhalten ist eine Tugend, die jeder Analytiker bitter nötig hat. Denn die Analysanden wollen ihn dazu verleiten, aus seiner Überlegenheitsrolle auszusteigen. Sie selbst wollen das Geschehen steuern, und wenn es auch in Richtung aufs Chaotische und Nihilistische wäre.

■ **Gelassenheit**

Eine Steigerung erfährt die Tugend der Besonnenheit in der Gelassenheit, die sich der Analytiker im Laufe seiner Berufsausübung zulegen sollte. Gelassenheit ist die Antithese zum technisch-rationalen Machen- und Verfügen-Wollen. In der Therapie besteht sie darin, dass der

Therapeut auf jegliches Suggerieren-Wollen verzichtet. Er muss seine Analysanden im Grunde sein lassen, wie sie sind; nur so kann er sie allenfalls bessern und fördern. Wer mit seinen beschränkten Konzepten an andere herantritt, um sie willentlich umzuformen, wird in der Regel früher oder später scheitern. Steht man aber dem eigenwilligen und eigensinnigen Patienten fürsorglich zur Seite, entfaltet dieser von selbst Entwicklungs- und Veränderungstendenzen, die heilsam sein können.

In Erziehung, Partnerschaft, Alltag und Psychotherapie ist die Gelassenheit von hohem Nutzen. Sie entspricht der Gesinnung, sich dem Mitmenschen verstehend und helfend zur Verfügung zu stellen, aber dabei nichts zu wollen und nichts zu erzwingen. Man geht davon aus, dass jeder Mensch in seiner unausrechenbaren Individualität eine Art Geheimnis ist und bleibt.

Jedes Bild, das man sich von einem menschlichen Gegenüber macht, greift irgendwie zu kurz und kann dem anderen nie ganz gerecht werden. Daher soll man offenbleiben für die unergründliche und doch teilweise erkennbare Wesensart des Du, die man sein lassen darf wie sie ist, um sie zu entwickeln. Gelassenheit entspringt wie die Besonnenheit dem inneren Freisein des einen und begünstigt zwangsläufig die Freiheit des anderen.

Fast jeder erfahrene Therapeut wird im Laufe der Jahre ein halber Stoiker. Ob er es will oder nicht, strebt er die Ataraxie oder Meeresstille des Gemüts an, das sichere Gleichgewicht, aus dem heraus er den triebhaften, affektgeladenen und angsterfüllten Schilderungen seiner Patienten ruhig zuhören kann. Die Stoiker lebten nach der Maxime »Dulde und entbehre«. Das ist dem Analytiker nur teilweise zu empfehlen, aber ein Ingrediens von Geduld und Leidensbereitschaft ist in diesem Metier kaum zu entbehren.

Geduld und Gleichmut müssen durch kraftvolle Entschlossenheit ergänzt werden. Wir können uns einen besonnenen, maßvollen Analytiker nicht denken ohne ausgeprägte Willenskraft und Selbstsicherheit. Ist doch jede Therapie ein Ringen zweier Willenskräfte, wobei der Patient weithin auf Auflösung von Form und »Entwerden« tendiert, indes der Therapeut Formgebung und Werdensfreude in Gang setzen will. Nicht selten hat der Erstere jedoch den längeren Atem und die größere Durchsetzungskraft; dann aber fehlt es dem Letzteren an Zucht und Maß, und er hat eventuell nicht den richtigen Beruf gewählt.

Die von Freud und anderen geforderte lebenslange Selbstanalyse des Analytikers soll dessen Besonnenheit, Kenntnisreichtum und kulturellem Format dienen. Ohne diese Faktoren ist Seelenheilkunde illusionär. Wir haben gesagt, dass der besonnene Therapeut zu einem halben Philosophen und Weisen werden muss. Ähnlich könnte man auch formulieren, dass er ein halber oder ganzer Künstler sein soll. Echte Künstler sind Meister im Besonnen- und Gelassensein. Die Art, wie sie ein Werk mühevoll und umsichtig vorbereiten, um dann auf die eigentliche Inspiration geduldig zu warten, ist vorbildlich für alle, die nach Lebenskunst im wahren Sinne des Wortes streben.

Beim Künstler nennt man das Austragen von Ideen und Gestaltungsplänen Inkubation; das erinnert an die Schwangerschaft, die ja auch nicht nach einem rational und voluntaristisch festgesetzten Zeitplan verläuft. So wie Tiere und Menschen beim Schwangersein in eine eigentümliche Ruhe übergehen, welche dem organischen Werdensprozess entspricht, der in ihnen stattfindet, darf auch der besonnene und maßvolle Mensch still und bedächtig alles in sich reifen lassen und keine Früchte grün vom Baum pflücken wollen. Es gibt offenbar ein Lebenstempo und einen Wachheitsgrad, die für seelische und geistige Reifungsvorgänge gültig und förderlich sind.

Wir beenden unsere Darlegungen mit einer Fallstudie zum Thema Unbesonnenheit. Durch die Erläuterung der Untugend kann man die konträre Tugend sichtbar machen. Wir wählen hierzu einen Text von Goethe.

2.4 Goethes »Die Wahlverwandtschaften« im Spannungsfeld zwischen Besonnenheit und Unbesonnenheit

Im Jahre 1809 veröffentlichte Goethe seinen Roman *Die Wahlverwandtschaften*, der in seinem Gesamtwerk eine eigenartige Stellung einnimmt. Es handelt sich um einen Liebes- und Eheroman, der tiefgreifende psychologische Analysen enthält. Unter den Literaturhistorikern wird die These vertreten, dass Goethe mit diesem Text geradezu das Genre des analytischen Romans begründet hat.

Aus der reifen Lebenskenntnis seines Alters und eigener leidvoller Verstrickung und Entsagung hat Goethe in diesem Buch Menschenschilderungen zustande gebracht, deren Feinsinn kaum überboten werden kann. Uns interessieren vor allem die Charakterologie der Romanfiguren und das Beziehungsschicksal, das sich aus dem Zusammenspiel der Charaktere ergibt.

▪ Romansituation

Die Romansituation sei nur ganz kurz rekapituliert. Goethe schildert die Ehe zwischen dem reichen Baron Eduard, der in den besten Mannesjahren steht, und seiner etwa gleichaltrigen Gattin Charlotte. Beide Partner führen eine Zweitehe; sie haben sich zwar schon als junge Menschen geliebt, konnten aber damals nicht heiraten. Eduard musste auf Wunsch seiner Eltern eine vorteilhafte Ehe mit einer ziemlich älteren Frau eingehen, und auch Charlotte band sich an einen zwar geachteten, aber nicht geliebten Mann. Da die beiden anderen Partner starben, trafen sich Eduard und Charlotte als gereiftere Menschen wieder und zogen aus der nunmehrigen Unabhängigkeit jene Konsequenzen, die sich aus der Zeit überdauernden Liebe ergaben.

Sie sind behaglich eingerichtet auf ihrem schönen und großzügig angelegten Besitztum und genießen ein friedliches, stilvolles Zusammenleben. Charlottes Tochter Luciane und ihre Pflegetochter Ottilie sind einem Erziehungsinstitut übergeben worden. Die Ehe zwischen Eduard und Charlotte ist kinderlos geblieben.

Da Eduard sich offenbar langweilt, möchte er seinen Freund, der einfach als Hauptmann bezeichnet wird, als Dauergast auf sein Gut einladen. Charlotte widerstrebt diesem Vorschlag, da sie befürchtet, dass das Gleichgewicht zwischen ihr und ihrem Gatten durch das Hinzutreten eines Dritten gestört werden könnte. Da aber Eduard auf seinem Ansinnen beharrt, bedingt sie sich aus, dass man Ottilie aus dem pädagogischen Institut nach Hause nehmen solle; so werde man denn zu viert das Schloss bewohnen. Das geschieht denn auch: Die vier »dramatis personae« sind miteinander vereint, und das Drama kann beginnen.

▪ Therapeutische Deutung der Charaktere

Goethe sinnt in seinem Roman den Geheimnissen jener Anziehungskraft nach, die Menschen in Liebe zueinander führt. Woher stammt die erotische Attraktion, die oft Wille, Vernunft und Vorsatz überflutet? Im Geiste seiner Zeit zieht der Dichter naturphilosophische Spekulationen heran, um erotische Zuneigung über die Schranken der gesellschaftlichen Moral hinweg zu deuten. Er spricht von Affinität oder Wahlverwandtschaften: Bekanntlich kann ein Stoff aus einer chemischen Verbindung verdrängt werden, wenn ein anderer Stoff hinzukommt, der mehr Verwandtschaft zum primär gebundenen Element aufweist.

Die vier Elemente, die nach dem Gesetz der chemischen oder seelischen Affinität im Roman in Funktion treten, sind Eduard und Charlotte, Ottilie und der Hauptmann. Sie werden von Goethe mit großartiger Menschenkenntnis beschrieben. Eduard ist ein verwöhnter, weicher, sich keinen Wunsch versagender Mensch; Charlotte ist kühler, strenger mit sich selbst, beherrscht in allen Dingen; Ottilie ist ein rätselhaftes, liebliches Kind an der Schwelle des Frauenalters,

2

zart und ätherisch; der Hauptmann schließlich ähnelt Charlotte durch sein besonnenes, lebenstüchtiges Wesen, durch eine ernste, realistische und pflichtbewusste Lebensauffassung.

Schon diese knappen Angaben können das chemische Exempel einleiten: Eduard wird von Charlotte weg zu Ottilie hinstreben; der Hauptmann und Charlotte nähern sich in anderer Weise an und empfinden füreinander eine erotische Attraktion, ohne ihr nachzugeben.

Die Tragödie wird durch die unbesonnenen Charaktere ausgelöst, und Eduard ist hierbei die treibende Kraft. Es liegt in seiner Charakterstruktur begründet, dass er angesichts einer Versuchungssituation keine Widerstandskraft besitzt und damit alle ins Verderben bringt.

Eduard ist also eine Fallstudie von Unbesonnenheit oder Zucht- und Maßlosigkeit. Seine Haltung im Roman entspringt nicht nur situationsbedingten Motivationen, sondern seiner Individualität selbst. Auf ihn zielt die Goethe'sche Sentenz aus *Wilhelm Meisters Wanderjahre*, die tief in seine Wesensart und seinen Lebensstil hineinleuchtet:

>> Die Botaniker haben eine Pflanzenabteilung, die sie Incompletae nennen; man kann eben auch sagen, dass es inkomplette, unvollständige Menschen gibt. Es sind diejenigen, deren Sehnsucht und Streben mit ihrem Tun und Leisten nicht proportioniert ist (*Maximen und Reflexionen, Betrachtungen im Sinne der Wanderer*) (Goethe 1982a, S. 288). **«**

Goethe hat diese Fallstudie gewiss nicht ohne große innere Beteiligung geschrieben. In seinem Leben war er durchwegs das Gegenteil seines Helden, aber er trug offenbar auch die Möglichkeit zu solchen Maßlosigkeiten in sich, die er weise zu beherrschen verstand. Von daher mag die Ambivalenz kommen, die sich in seiner Einstellung zu Eduard äußert. Einerseits schrieb er dem befreundeten Grafen Reinhard am 21. Februar 1810, Eduard scheine ihm »ganz unschätz-

bar, weil er unbedingt liebt«. Andererseits sagte er im Gespräch mit Eckermann (21. Januar 1827), er verstehe Solgers (des Berliner Professors für Ästhetik) Kritik an dieser Romanfigur, die diesem innerlich zu klein geraten scheine:

>> Ich kann ihm nicht verdenken, dass er den Eduard nicht leiden mag, ich mag ihn selber nicht leiden, aber ich musste ihn so machen, um das Faktum hervorzubringen. Er hat übrigens viele Wahrheit, denn man findet in den höheren Ständen Leute genug, bei denen ganz wie bei ihm der Eigensinn an die Stelle des Charakters tritt (Eckermann 1992, S. 202). **«**

Eduard wird als das Kind reicher Eltern beschrieben, die ihn mit Verzärtelung aufzogen. Vor allem die Mutter verwöhnte ihn über alle Maßen; von daher werden seine Ich-Haftigkeit, Affekt- und Emotionsgetriebenheit sowie Überschwänglichkeit abgeleitet. Im Gespräch mit Charlotte sagt Eduard selbst über seine Kindheit:

>> So war meine Mutter. Solange ich als Knabe oder Jüngling bei ihr lebte, konnte sie der augenblicklichen Besorgnisse nicht loswerden. Verspätete ich mich bei einem Ausritt, so musste mir ein Unglück begegnet sein; durchnetzte mich ein Regenschauer, so war das Fieber mir gewiss. Ich verreiste, ich entfernte mich von ihr, und nun schien ich ihr kaum anzugehören (Goethe 1982b, S. 252). **«**

Die Folgen dieser frühen Symbiose und Infantilisierung zeigen sich in der Romanhandlung mit erschreckender Deutlichkeit. Eduard ist nicht Person genug, um sich mit seiner souveränen und selbstkontrollierten Gattin arrangieren zu können. Daher hat er, wie die Chemiker sagen, freie Valenzen; er ist auf der Suche nach einem unbestimmten Glück.

Eduards Unbesonnenheit wird durch viele Einzelheiten belegt. Wenn er mit Charlotte zusammen musiziert, führt er seine Flötenpartie so ungleich im Tempo und in der Qualität aus, dass Charlotte am Klavier gewaltige Anpassungsfähigkeit benötigt, um mit ihm einen Wohlklang herzustellen. Vom eintreffenden Hauptmann lässt Eduard sich, was das Technisch-Ökonomische angeht, führen und leiten, ist aber in allen Dingen ungeduldig, was nur durch seine Edelmannsmanieren gedämpft wird.

Von Ottilie ist er sofort entzückt, weil er (abgesehen von ihrer Schönheit und Anmut) spürt, dass eine solche zarte Kindfrau seinen Wünschen nach grenzenlosem Geliebt- und Anerkanntsein mehr Entgegenkommen zeigen wird als die kühle Charlotte. Er findet sie schon bei der ersten Begegnung »angenehm und unterhaltsam«, wiewohl sie, wie Charlotte in Erinnerung ruft, kein Wort gesprochen hat. Tatsächlich wird Ottilie schnell zu seiner Seelenfreundin, übernimmt Arbeiten für ihn und gleicht merkwürdigerweise dabei ihre Handschrift vollkommen derjenigen von Eduard an. Das ist wohl ein Zeichen dafür, dass sich das Mädchen masochistisch und total in diesem fast väterlichen Liebhaber verloren hat.

Der unbesonnene Eduard kann bei einer platonischen Beziehung nicht stehenbleiben. Charlotte und der Hauptmann akzeptieren die von der Gesellschaft und Moral gezogenen Grenzen, und nach einer flüchtigen Umarmung entscheiden sie sich für die Trennung. Anders Eduard: Er will die Beziehung zu Ottilie gegen alle Hindernisse durchsetzen, zerstört das seelische Gleichgewicht der jungen Frau und verschuldet damit ihren späteren Tod, den auch er nicht lange überlebt.

Eduards Maßlosigkeit ist in gewissem Sinne eine leidenschaftliche und selbstherrliche. Ottilie leidet an derselben Krankheit, aber in einer abgewandelten Form. Sie ist maßlos in ihrer Hingabe, und genau das ist es, was Eduard an ihr beseligt.

Während Ottilie und Eduard im Romangeschehen mit elementarer Wucht zueinander drängen, begegnen sich der Hauptmann und Charlotte auf der Ebene der alltäglichen Geschäfte, des Maß haltenden Umgangs, des sensiblen und Distanz haltenden Dialogs. Sie lassen sich von ihrer Gefühlswelt nicht übermannen. Der Erzähler deutet sogar an, dass Charlotte in der durchgehenden Geformtheit ihres Wesens nicht in der Lage ist, sich im Sexuellen frei und unbefangen hinzugeben; sie bleibt überall kontrolliert:

>> Charlotte war eine von den Frauen, die, von Natur mäßig, im Ehestande ohne Vorsatz und Anstrengung die Art und Weise der Liebhaberinnen fortführen. Niemals reizte sie den Mann, ja seinem Verlangen kam sie kaum entgegen; aber ohne Kälte und abstoßende Strenge blieb sie immer eine liebevolle Braut, die selbst vor dem Erlaubten noch innige Scheu trägt (Goethe 1982b, S. 321). <<

Der große Menschenkenner Goethe war sich wohl bewusst, dass Menschen mit entgrenztem Ich und maßlosen Leidenschaften leicht Opfer von psychosomatischen Störungen werden. Ottilie leidet an einem undefinierbaren Kopfschmerz, der schließlich auch Eduard befällt. Die unglückliche, weil schuldhaft gewordene Ottilie versucht am Ende ihre Selbstbegrenzung durch Verhungern zu erreichen. Eduard, dem nunmehr der Wahnwitz seines Verhaltens transparent wird, ist mit seiner Lebenskraft ebenfalls am Ende.

- **Besonnenheit im Leben Goethes**

Wir haben schon angedeutet, dass Goethe die Möglichkeit zu einem Eduard wohl in sich trug, aber zeit seines Lebens dahin tendierte, durch Zucht, Maß und Entsagung das charakterologisch Konträre in sich zu verwirklichen. Sein ganzer Lebenslauf zeigt ein hohes Maß von Besonnenheit, und zwar im Umgang mit der Welt und mit sich selbst. Was an Unbesonnenheit in ihm flottierte, tat er in seinen Dichtungen ab. Dort zeigte er sich selbst und seinem Leserkreis, dass »alles unbedingte Streben früher oder später Bankrott machen müsse«.

Werther, Tasso, ja sogar Faust sind Stationen auf diesem Weg des Dichtens und Denkens, in dem immer mehr die Idee der Sophrosyne ruhmvoll hervortrat, welche der alternde Goethe mächtig verkörperte. So finden wir in seiner Spruchweisheit zahlreiche Sätze wie die folgenden:

>> Die Hauptsache ist, dass man lerne, sich selbst zu beherrschen. Wollte ich mich ungehindert gehen lassen, so läge es wohl in mir, mich selbst und meine Umgebung zugrunde zu richten (Eckermann 1992, S. 379). <<

Seine Gefährten des Sturm und Drang (Klinger, Lenz und andere) mussten bald erkennen, dass der Fürstenfreund und Minister in Weimar nicht mehr jener Goethe war, mit dem sie ihre tollen und wilden Streiche verüben konnten. Goethes Lebensstil war weise Mäßigung und permanente Selbsterziehung, das Schaffen einer großen und in sich ruhenden Persönlichkeit, die eine geistige Welt umspannen konnte. Was er dabei erreicht hat, rühmte Nietzsche in *Götzen-Dämmerung* mit folgenden Worten:

>> Goethe konzipierte einen starken, hochgebildeten, in allen Leiblichkeiten geschickten, sich selbst in Zaum habenden, vor sich selber ehrfürchtigen Menschen, der sich den ganzen Umfang und Reichtum der Natürlichkeit zu gönnen wagen darf, der stark genug zu dieser Freiheit ist; den Menschen der Toleranz, nicht aus Schwäche, sondern aus Stärke, weil er das, woran die durchschnittliche Natur zugrunde gehen würde, noch zu seinem Vorteil zu brauchen weiß; den Menschen, für den es nichts Verbotenes mehr gibt, es sei denn die Schwäche, heiße sie nun Laster oder Tugend (Nietzsche 1988, S. 151 f.). <<

Literatur

Eckermann JP (1992) Gespräche mit Goethe. Insel, Frankfurt am Main

Goethe JW (1982a) Wilhelm Meisters Wanderjahre, KA Band VIII. In: Trunz E (Hrsg). Beck, München (Erstveröff.) 1821/28)

Goethe JW (1982b) Die Wahlverwandtschaften. In: HA Band VI. Beck, München (Erstveröff. 1809)

Hartmann N (1926) Ethik. de Gruyter, Berlin

Nietzsche F (1988) Götzendämmerung, KSA 6. dtv/de Gruyter, München/Berlin (Erstveröff. 1889)

Vornehmheit

3

Die wenigsten Tiefenpsychologen haben einen genauen Begriff davon, was eigentlich seelische Gesundheit ausmacht. Manche denken hierbei an Symptomfreiheit; der Patient, der keine lästigen Symptome mehr aufweist, kann als gesund entlassen werden. Des Weiteren wird man darauf achten, ob er arbeits- und liebesfähig geworden ist. Nach einem bekannten Freud'schen Diktum sind Arbeiten- und Liebenkönnen unentbehrlich, um in der Nähe psychischer Gesundheit zu rangieren.

Aber solche Bestimmungen sind doch sehr karg. Viele Menschen können leidlich arbeiten und lieben, als aufrechte und bemerkenswerte Zeitgenossen kommen sie jedoch kaum in Betracht. Man muss schon detaillierter das seelische Gesundheitssyndrom beschreiben, wenn man in den Anforderungen der therapeutischen Praxis eine Orientierung haben will.

Alfred Adlers Begriff vom entfalteten Gemeinschaftsgefühl kann uns gewiss weiterhelfen. Hier erwarten wir vom genesenden Patienten, dass er seine Selbstwertsteigerung aktiv in Angriff nimmt, Eigenschaften der sozialen Geschicklichkeit und der kooperativen Intelligenz entwickelt und Interesse bekommt an übergreifenden Kulturfragen, also sich einordnet in die schaffende und strebende Menschheit. So weitläufig diese Definition von Gemeinschaftsgefühl sein mag, lässt sie doch erahnen, dass die Psychotherapie nicht nur Symptome beheben, sondern auch erziehen und weiterbilden will: Der geheilte Analysand soll Mensch und Mitmensch im eigentlichen Sinne des Wortes werden.

Mit solchen Beschreibungen nähert man die Tiefenpsychologie der Ethik an. Das ist weder Willkür noch Fehler: Es liegt in der Logik des helfenden Miteinanderseins, dass ethische Werte und Maßstäbe diese Hilfe regulieren sollen. Kein Psychotherapeut müsste sich schämen, dass er in seiner Theorie und Praxis Anleihen bei der überlieferten Ethik macht; im Gegenteil: Ohne Bezugnahme auf die Erkenntnisse dieser uralten philosophischen Disziplin wird Therapie zum bloßen Pragmatismus und zur Anleitung für banale Anpasserei.

Wir wollen in der Folge einer Leitvorstellung der seelenärztlichen Praxis gedenken, die auf den ersten Blick hin als verwirrend erscheinen kann; wir meinen nämlich, dass ein Ziel der Therapie darin besteht, den Patienten zur Tugend der Vornehmheit hinzuführen.

■ Leitvorstellung der therapeutischen Praxis

Diese Eigenschaft, die in der Nietzsche'schen Philosophie eine hervorragende Rolle spielt, ist wichtig für die Interaktion von Therapeut und Patient in der Psychotherapie. Die Analysanden sind von sehr unterschiedlichem menschlichem und moralischem Format; aber fast alle haben keine echte Souveränität in ihrem Leben, und das verführt sie meistens dazu, einer gewissen Kleinkariertheit zu verfallen.

Nicht selten leben sie quasi in parasitären Zuständen. Andere müssen für sie arbeiten und wirken, indes sie selbst in Folge ihres Leidens in der Nehmerrolle verharren. Auch die dominierende Angst in der Neurose tendiert dahin, ein Schlupfwinkeldasein als wünschbar erscheinen zu lassen. Der Patient steht teilweise außerhalb des sozialen und kulturellen Lebens, meidet Anforderungen und beschränkt sich auf Hilflosigkeitsdemonstration.

All das ergibt eine gewisse Selbstentfremdung und die Unfähigkeit, das Dasein der Person stilvoll und fruchtbar zu gestalten. Es kommt zu einem Manko in ethischer Hinsicht; was wir Ich-Schwäche nennen, ist ein Verfehlen der Individuation und der Selbstwerdung der Persönlichkeit. Soll der Patient wirklich gesund werden, muss er auch das Wagnis einer individuellen und selbstverantwortlichen Existenz auf sich nehmen.

Die Tugend der Vornehmheit visiert dieses profilierte und kulturell wertvolle Selbstsein in spezifischer Weise an. Synonyme zum Wort vornehm sind: hervorragend, aus der Reihe springend, hohe und gestaltete Individualität. Es würde dem Analysanden nicht schaden, wenn sein Analytiker ihm in dieser Beziehung ein Vorbild wäre und ihn dazu anleiten könnte, edle Seeleneigenschaften zu kultivieren. Ein von Symptomen befreiter Spießbürger lohnt fast nicht den riesigen Aufwand einer lang dauernden Psychotherapie. Resultiert aber (mit Maßen) Vornehmheit aus einer seelenärztlichen Behandlung, mag sie die investierte Mühe wert sein.

3.1   In den Fußstapfen der antiken Ethik

Eine der höchstgeschätzten Tugenden der antiken Ethik (z. B. bei Aristoteles, aber auch bei anderen) war die »magnanimitas«, d. h. Seelengröße, Hochgemutheit, Großgesinntheit und Edelmut. Vom edlen Menschen sagte man, dass er die Ehre mindestens so hoch achtet wie sein Leben. Er wagt sich an große Unternehmungen und ist bereit, diese durch alle möglichen Fährnisse durchzuhalten.

Kleinliche Ich-Haftigkeit liegt ihm fern; er steht im Dienste bedeutender Ziele, Zwecke und Werte, in denen das Interesse der Gemeinschaft überwiegt. Der großgesinnte Mensch ist treu sich selbst gegenüber und damit auch gegenüber anderen. Er ist prädestiniert dazu, in gegebenen Umständen die Führung zu übernehmen, aber er tut dies nicht aus Eitelkeit und kleinlichem Ehrgeiz. Die Meinung der Menge kann nicht der sittlich-moralische Maßstab für sein Verhalten sein. Er fühlt sich seinem eigenen Werthorizont verpflichtet und ist bereit, für seine Ideale zu dulden und zu leiden. Als vornehmer Mensch hat er Ehrfurcht vor sich selbst.

Diese ethische Wertvorstellung ist durch das Christentum in den Hintergrund gedrängt worden. Die christlichen Apologeten predigten die Tugenden von Armut, Keuschheit, Gehorsam, Glauben, Liebe und Hoffnung; diese sind nahezu Antagonismen zu allem, was unter den antiken Begriff der Vornehmheit fällt.

Zwei Jahrtausende lang wurden die Menschen zur Bescheidenheit, Anpassung ans Kollektiv, Selbstverneinung und Selbstverleugnung sowie zum mittleren Menschsein erzogen. Sofern die Idee der Vornehmheit noch Geltung behielt, war sie beschränkt auf die aristokratischen Gesellschaftsschichten. Aber diese huldigten einem überaus reduzierten Begriff von »magnanimitas«: Der Aristokrat sollte seinen Stolz und seine Ehre verteidigen, im Übrigen aber durfte er dem höheren Pöbel angehören, der sich lediglich auf seine Abstammung berufen konnte, um sein Vornehmsein zu belegen. Immerhin lebte im Aristokratismus dieses Ideal weiter und griff später auf das selbstbewusste Stadtbürgertum über.

Die neuzeitliche Demokratiebewegung seit dem 18. Jahrhundert radikalisierte die Feindschaft des Christentums gegen die Idee des vornehmen Menschen. Die Parole hieß nun: Freiheit, Gleichheit und Brüderlichkeit. Kein vernünftiger Mensch wird bezweifeln, dass diese Losung der Emanzipation aus unvernünftigen und unmenschlichen Herrschaftsverhältnissen dienen sollte. Sie war eine berechtigte Revolte gegen die herrschenden Stände.

Der vierte Stand vor allem wollte sowohl in ökonomischer als auch sozial-kultureller Hinsicht seine Gleichberechtigung durchsetzen. Dies war der historische Sinn der sozialistisch-kommunistischen Bewegung, welche das 19. und 20. Jahrhundert prägte.

Die Idee des vornehmen Menschentums ist leider verdunkelt durch den Missbrauch, den Feudalismus, Konservatismus und rechtsradikales Denken mit ihr getrieben haben. Sie ist gleichwohl nicht überlebt und ad acta zu legen. Sollte es je gelingen, eine humanistische Menschengemeinschaft zu konstituieren, wird diese die Vornehmheit wieder als Grundtugend entdecken müssen, und zwar als Tugend für alle, die ihr Leben unter hohe Maßstäbe stellen können und wollen.

Der Adel der Geburt spielt hierbei überhaupt keine Rolle, und auch vom Geldadel wird nicht

3

die Rede sein. Wohl aber von jenem Adel, den sich der Mensch selbst zulegen kann, wenn er Großgesinntheit in sich entwickelt und damit für seine Mitmenschen zum Muster und Vorbild wird. Nicolai Hartmann schrieb in seiner *Ethik* mit deutlicher Anlehnung an Aristoteles und Nietzsche über den Edlen:

» Wesentlich ist dem Edlen die weite Perspektive, der innerlich große Stil im Leben und Wirken, auch bei äußerlich engen Verhältnissen. Ihm ist das Eintreten für alles Große selbstverständlich, und zwar um seiner selbst, um des Großen willen. Sein Streben geht immer über die Person – und nicht nur über die eigene – hinaus. Desgleichen über die gegebene Gemeinschaft. Der Edle ist der abgesagte Feind alles Engen und Kleinlichen. Er lebt in der Erhebung über das Alltägliche und moralisch Nichtige. Er ist erhaben über Verkennung und niedere Zumutung. Seiner äußeren Exponiertheit entspricht die innere Unberührtheit, an der das Gemeine abgleitet (Hartmann 1926, S. 339). «

3.2   Strukturanalyse der Vornehmheit

Der vornehme Mensch hat viele Eigenschaften, von denen wir in der Folge einige beschreiben und zergliedern werden. Dabei denken wir in erster Linie an Erfahrungen des Alltags und der Psychotherapie. Wir behalten im Sinn, dass es uns um den psychotherapeutischen Gesundheitsbegriff geht, und dass wir die Untersuchung der Großgesinntheit und des Edelmuts nicht als Selbstzweck durchführen.

Individualität Der vornehme Mensch läuft nicht mit der Menge und will nicht im Strom der Majorität mitschwimmen. Das ausgeprägte Bewusstsein, ein Einzelner zu sein, hindert ihn daran, sich irgendwelchen Massenbewegungen anzuschließen und mit herrschenden Institutionen

(Staat, Kirche und Parteien) zu paktieren. Er hat ein Lebensanliegen, das nicht durch Macht in irgendeiner Form durchgesetzt werden kann. Ihm liegt an der Förderung der Kultur, und diese ist seit jeher die Aufgabe unabhängiger Persönlichkeiten und kleiner, meistens relativ machtloser Gruppen gewesen.

Was in der bestehenden Gesellschaft bereits großes Prestige genießt, erfüllt den Edlen mit gewaltiger Skepsis. Da die Welt überall im Argen liegt, können die derzeit erfolgreichen Institutionen und Gruppierungen nicht exquisit sein.

Es braucht bedeutenden Mut, um sich als Einzelner zu fühlen und nirgendwo in Kollektiven Unterschlupf zu suchen. Diese Tapferkeit hat der Patient in der Psychotherapie kaum je. Er ist meistens unglücklich darüber, dass er in der Öffentlichkeit nicht genug oder keinen Anklang findet. Sein Lebenstraum erschöpft sich nicht selten darin, ein guter Durchschnittsbürger zu werden.

Würde nun die Therapie bestrebt sein, den harmlosen oder armseligen Traum der Anpassung zu realisieren, hätte sie ihren Sinn verfehlt. C. G. Jung hat darauf hingewiesen, dass dem neurotisch Erkrankten das Durchschnittsdasein misslingt; er soll durch seinen Therapeuten ermutigt werden, darauf zu verzichten und über die bloße Angleichung hinaus in die Individuation hineinzuwachsen. Die Kollektivexistenz ist nämlich nicht normal; sie ist die am weitesten verbreitete Neurose, die wir kennen. Zu ihr hinzuführen wäre therapeutischer Unfug.

Atheismus Der vornehme Mensch ist nicht religiös; er ist entweder Agnostiker oder Atheist. Die Religion ist eine Mehrheitsanschauung; wer ihr angehört, hat seinen Frieden mit der Majorität geschlossen. Des Weiteren kann sich niemand davon überzeugen, dass die religiösen Glaubensartikel einer Wahrheit entsprechen. Sie sind Glaube und Fürwahrhalten, in Anlehnung an eine vage Autorität und Überlieferung.

Es ist bequem, einfach die Gedanken zu übernehmen, die man durch Erziehung, Konvention, Tradition und öffentliche Meinung geliefert bekommt. Der Edle will seine Weltanschauung selbst erarbeiten. Er lässt sich nicht mit aufgezwungenem oder anerzogenem Bildungsgut abspeisen. Er hat die Kraft zur Skepsis, selbst wenn diese seinen Verwandten, der Obrigkeit, dem Nachbarn oder den lieben Mitmenschen missfällt.

Religiosität ist Kompromisslertum; denn überall hat die Religion eine starke Mehrheit für sich, da sich die Kirchen über Geld, Macht und Bildungsinstitutionen Einflussmöglichkeiten geschaffen haben, die schier unerschöpflich sind. Sie lehnen sich in der Regel an die Staatsmacht an, respektive Staat und Kirche betreiben gemeinsame Geschäfte. Beiden ist es daran gelegen, einen Sozialisationstypus hervorzubringen, der sich gut regieren lässt und vor Gott und seinen weltlichen Repräsentanten viel Respekt hat.

Man kann beinahe mit Sicherheit postulieren, dass der gläubige Mensch einen Trend zu Konservatismus, Moralismus und ängstlich-kleinkarierter Lebensführung aufweist. Oder aber er ist ein Machtmensch, der schon deshalb religiös ist, weil er dunkel fühlt, dass er im Schutze der Religion seine Ambitionen am besten durchsetzen kann.

Indem Freud die Formel »Religion ist eine Menschheitsneurose« prägte, gab er kund, dass Religiosität häufig Bestandteil einer individuellen Seelenkrankheit ist. Darum forderte er vom Therapeuten eine gewisse Geistesfreiheit und weltanschauliche Radikalität; ohne diese sei Psychotherapie unzulänglich.

Reinlichkeit Der vornehme Mensch bevorzugt Reinlichkeit in allen Dingen. Nach Nietzsche sollte uns alleine schon die intellektuelle Redlichkeit davor bewahren, Anhänger eines religiösen oder politischen Glaubens zu sein. Sowohl echte als auch Ersatzreligionen fordern allemal das Opfer des Intellekts. Sie schätzen die Zweifler

nicht; Parteileute, Konformisten und Fanatiker sind eher willkommen. Aber gerade das will der vornehme Mensch nicht sein.

Da der neurotisch Gestörte voll von Verdrängungen, Rationalisierungen, Abwehrmechanismen und Wahrnehmungsverzerrungen ist, muss auch sein Wahrheitssinn merklich geschädigt sein. Verfehlt er doch in der Regel seine existentielle Wahrheit (die Wahrheit des Lebens) – wie sollte er da ein Vorkämpfer der Wahrheit überhaupt sein? Die Therapie jedoch ist eine Wahrheitskur; die Wahrheit soll den Analysanden freier machen. So muss die Erkenntnisfunktion in ihr gestärkt und geschult werden, damit sie für die Wahrheitssuche tauglich wird.

Nach Nietzsche hat dies viel mit dem Reinlichkeitssinn zu tun. Wer als Kind gelernt hat, sauber zu sein, kann unter Umständen das Reinlichkeitsbedürfnis so weit sublimieren, dass es auch beim Erkennen wirksam wird. Der so geprägte Mensch hat eine innere Abscheu vor krummen Denkwegen, Verschleierungstechniken, Lügen und Verleumdungstaktiken. Das macht weitgehend untauglich für Religion und engstirnige Politik.

Noch drastischer zeigt sich das bei der intellektuellen Redlichkeit, die Nietzsche als eine der höchsten geistigen Tugenden pries. Niemand könnte ein Anhänger der religiösen und der meisten politischen Glaubensartikel sein, wenn er nicht fünf gerade sein ließe. Denn wo ist der Beweis dafür, dass es einen Gott gibt; dass dieser die Welt geschaffen hat; dass die Bibel ein von ihm inspiriertes Buch ist; dass es ein Weiterleben nach dem Tode gibt; dass es eine ausgleichende Gerechtigkeit geben wird; dass alle wesentlichen Wahrheiten bereits offenbart sind.

Man sollte den Patienten in der Psychotherapie zur Reinlichkeit und Radikalität in den wesentlichen Aspekten der Existenz erziehen. Neurose ist auch Lebenslüge; also kann sie durch Wahrheit und Wahrhaftigkeit geheilt werden. Nicht umsonst forderte Freud von seinen Patienten rückhaltlose Bekenntnisse. Er selbst war

3

bereit, in der analytischen Kur stets und immer die (taktvolle) Wahrheit zu sagen.

Uneitelkeit Eitelkeit ist unvornehm; in ihr machen wir uns vom Fremdurteil abhängig. Als man Alfred Adler um eine kurze Definition der Neurose bat, sagte er lakonisch: Neurose ist Eitelkeit. Tatsächlich spielen eitle Gemütsregungen in jeder Seelenkrankheit eine erhebliche Rolle. Könnte man auf sie verzichten, würde man nicht krank werden oder ziemlich bald gesunden.

Der eitle Mensch hat seinen seelischen Höchstwert nicht in dem, was er wirklich ist, sondern in dem, als was er den anderen erscheint. Er ist mächtig darum bemüht, die gute Meinung der anderen zu erzwingen, und sei es durch Schauspielerei und Betrug. Nietzsche sagte:

» Zu den Dingen, welche einem vornehmen Menschen vielleicht am schwersten zu begreifen sind, gehört die Eitelkeit; er wird versucht sein, sie noch dort zu leugnen, wo eine andere Art Mensch sie mit beiden Händen zu fassen meint. Das Problem ist für ihn, sich Wesen vorzustellen, die eine gute Meinung über sich zu erwecken suchen, welche sie selbst von sich nicht haben – und also auch nicht »verdienen« – und die doch hinterdrein an diese gute Meinung selber *glauben*. Das erscheint ihm zur Hälfte so geschmacklos und unehrerbietig vor sich selbst, zur andern Hälfte so barock-unvernünftig, dass er die Eitelkeit gern als Ausnahme fassen möchte und sie in den meisten Fällen, wo man von ihr redet, anzweifelt (Nietzsche 1988, S. 212 f.). **«**

Der Philosoph schüttelte den Kopf darüber, dass man seinen Eigenwert von anderen definieren lässt, statt ihn durch Leistung und Kulturbewusstsein selbst zu schaffen. Eitelkeit ist dürftig; der gute Geschmack läuft kaum je mit ihr parallel. Nietzsche sah darin geradezu eine Art Sklavenmentalität, welche des freien Menschen nicht würdig ist.

Unvergleichlichkeit Der Vornehme verleiht sich selbst seinen Wert; er ist inkommensurabel. Eitelkeit ist demnach ein sich Anbiedern an Herr und Frau Jedermann, deren Vorstellung über uns als ein köstliches Gut gilt. Der vornehme Mensch jedoch hält nicht viel vom Durchschnittsmenschentum. Dieses ist nicht befugt, über ihn und sein Wesen Urteile abzugeben. Sofern dies doch getan wird, geht er darüber hinweg; egal, ob es sich um positive oder negative Meinungsäußerungen handelt.

Das sich selbst Wert Verleihen entspringt einer gewissen Ehrfurcht vor sich selbst. Nach Nietzsche und anderen Experten ist dies ein entscheidender Zug jeder vornehmen Seele. Diese weiß um ihre Mängel und Qualitäten; sie macht nicht viel Aufhebens von beiderlei. Denn sie lebt und wirkt im Hinblick auf Werte und Ziele, die sie als hochrangig erkannt hat. Zu deren Realisation beizutragen, ist der Sinn ihres Lebens. Die eigene Person steht durchaus im Dienste übergeordneter Zwecke und Zielsetzungen. Daraus entspringt eine Art von selbstbewusster Bescheidenheit und stolzer Demut.

Wer als Kind in klaren und geordneten Verhältnissen aufwächst, entdeckt sich möglicherweise als einen Werdenden und sich Entwickelnden. Er weiß um seine Unvergleichlichkeit mit den anderen Menschen. Das ist weit von Überheblichkeit entfernt; es geht darum, sein Ich realistisch als einmalig und unwiederholbar zu empfinden. Solche Menschen sehen ihr Leben als ein großes Abenteuer und sind auf der Suche nach sich selbst – dies aber ohne jede Sturheit und Fixiertheit aufs eigene Ich. Sie wissen, dass der Weg zum Ich über die Sachen, d. h. über die Aufgaben des Lebens und der Kultur führt.

Für solche Charaktere geht es nicht nur ums Leben und Überleben, sondern darum, das eigene Leben als Kunstwerk zu gestalten. Es ist Gegenstand der selbsteigenen Schöpfung. Und so wie man vor ein Kunstwerk mit den Gefühlen der Ehrfurcht tritt, werden solche Individualitäten das Wachstum ihrer eigenen Person mit

Staunen, Liebe und Hochschätzung registrieren. Die These von Blaise Pascal, dass das Ich hassenswert sei, ist ihnen fremd. Sie liegen nicht im Streit mit sich selbst, da sie keine Angst vor den Mitmenschen haben. Indem sie sich selbst ehren, sind sie frei dafür, andere zu achten, sofern sie dies verdienen.

Frei von Schuldgefühlen Der edle Mensch hat weder Schuldgefühle und Gewissensbisse noch selbstquälerische Reue. Beim Rückblick auf sein Leben und bei der kritischen Durchleuchtung seiner jeweiligen Gegenwart wird er bestimmt vieles sehen, was er als Fehler, Irrtum oder Dummheit einstuft. Aber er lässt sich nicht darauf ein, diese Abirrungen von seinem Wege als Verbrechen oder Missetat einzustufen. Er hat es eben nicht besser gewusst und gekonnt. In Zukunft will er diese Verfehlungen möglichst vermeiden. Er empfindet es als moralische Schaumschlägerei, sich selbst zu zerfleischen und zerknirscht in Staub und Asche einherzugehen.

Neurotisches Schulderleben ist kaum je von echter Änderung und Neuorientierung begleitet. Depressive Menschen z. B. verbringen Monate und Jahre damit, sich verflossener Untaten zu bezichtigen. Sie dämpfen mit ihren Klagen und Anklagen die Stimmung ihres Milieus, aber einen Vorteil hat niemand davon. Darum sollte man den Patienten in der Psychotherapie dazu anleiten, anstelle von Selbsterniedrigungen lieber wahrhaftige Entwicklung und Persönlichkeitsgestaltung zu setzen. Es ist bequem, im Schuldgefühl zu verharren; ein besserer und wertvollerer Mensch zu werden, stellt Anforderungen an den Moralisierer, und diesen weicht er tunlichst aus.

Es zeugt von Schamlosigkeit, angesichts unserer Mitmenschen unsere angeblichen oder wirklichen Fehler auszubreiten und endlos zu ventilieren. Wer etwas falsch gemacht hat, soll stillschweigend demnächst etwas Richtiges tun. Wir stehen unter dem Einfluss einer langen christlichen Tradition, durch die man uns daran gewöhnt hat, in aller Öffentlichkeit Buße zu tun.

Der edle Mensch wird mit solchen Moralmanövern nicht viel anfangen können.

> **Schuldgefühle und Gewissensbisse sind psychologisch gesehen Ausweichtaktiken. Man ändert sich nicht, solange man übermäßig bereut. Lieber eine gute Tat als tausend Selbstanklagen! Was ohnehin nicht geändert werden kann, verdient keine langatmigen sittlichen Überlegungen!**

Großzügigkeit Edelmut bezeugt sich darin, dass man lieber gibt als nimmt. Ein traurig-verstimmter Mensch wird unwillkürlich zum Nehmer. Er gibt seinen Mitmenschen keine guten Gefühle (Freude, Wohlwollen, Heiterkeit), nimmt aber sehr wohl deren Mitleid sowie die Tröstungen und Beschwichtigungen in Anspruch. Das ist der unbewusste Zweck solcher Fehlhaltungen; sie sollen die Umgebung ausbeuten, in den Dienst stellen und herabdrücken.

Der vornehme Mensch wird derlei nach Kräften zu vermeiden suchen. Seine Grundhaltung ist diejenige des Gebens; bei ausgeprägt edlen Charakteren findet man Generosität in allen Bereichen ihres Lebens und Wirkens. Alfred Adler fiel auf, dass Neurose sehr oft mit einer Nehmereinstellung identisch ist. Er formulierte lakonisch:

>> Das Geliebt-Werden lernt jeder; seltener lernt man das Lieben. «

Es ist im Dasein von neurotisch Erkrankten mit Händen zu greifen, wie da ein Mensch sorgsam darauf bedacht ist, möglichst wenig von sich herzugeben: Weder Arbeit noch Liebe, gute Gefühle, Geld und schöne Gaben. Wohl aber gibt der Betreffende liebend gerne von seinen Leiddemonstrationen, Wehklagen und Lamentos, von seinem Pessimismus und seiner Schwarzseherei einiges ab. So wandelt er durch das Leben und bewahrt sich selbst, sehr zu seinem Unglück.

3

Großgesinntheit bekundet sich in der verschwenderischen Bereitschaft, andere zu fördern und ihnen Gutes zu erweisen. Der hochgemute Mensch hat eine Lebensform, die auf Mittun, Mitteilsamkeit und Mitverantwortung hin angelegt ist. Er drängt niemandem seine Gaben auf; aber wenn er sieht, dass er durch sein Dasein oder durch irgendwelche Taten und Worte anderen helfen kann, tut er es fast unwillkürlich. Er fragt weder nach Lohn und Dank, ist aber nicht unfroh, wenn ihm solcherlei entgegenkommt. Er weiß Dankbarkeit oder Lob mit Würde, ohne jegliche Emphase oder Selbstverkleinerung zu akzeptieren.

Schon die gute Laune ist eine Gabe an die Mitmenschen. Jeder schlechtgelaunte oder verstimmte Mensch hat unbewusst im Sinn, anderen ihr Glück zu nehmen oder sie zu beeinträchtigen. Das ist nicht vornehm; eher muss man es Ressentiment nennen. Edelmut kann das Glück der anderen bestehen lassen, ohne an Neid zu erkranken. Das fremde Glück ist verträglich mit eigener Freude.

Sexualität Das sexuelle Verhalten des Edlen ist schlicht und natürlich. Der Laie mag sich darüber verwundern, dass in einer Charakterstudie über den vornehmen Menschen auch die Sexualität thematisiert wird. Aber das ist nichts Absonderliches. Seit Sigmund Freud wissen wir, dass die sexuellen Verhaltensweisen oft wie ein Stenogramm den Gesamtcharakter widerspiegeln. Daher ist es unabdingbar, in der Charakterologie auch vom Sexuellen und seinen Spielarten zu reden.

Jede gekünstelte oder perverse Sexualität zeigt eine tief greifende Verunsicherung des Menschen, der sie benötigt, um den leiblichen Kontakt mit einem Du aufzunehmen und dabei selbst die Leibexistenz zu verwirklichen. Der normale Sexualakt ähnelt einem Dialog; er anerkennt das Eigendasein von Ich und Du, schlägt aber eine Brücke zwischen den beiden Protagonisten. In der unkomplizierten sexuellen Hingabe wird Selbstachtung demonstriert, zugleich aber dem Liebespartner Achtung gezollt.

Nicht so in den künstlichen und perversen Praktiken. Sie stellen das Ich-Du-Verhältnis in Frage und bevorzugen eher ein Ich-Es-Verhältnis, d. h., der andere wird dabei zu einem Objekt verdinglicht. Das ist bei den Perversionen unverkennbar. Der Sadist macht sein Opfer zum unterwürfigen, demütigen oder zitternden Sklaven; der Masochist gibt Anordnungen, wie er gequält und erniedrigt sein will, aber immerhin ist er es, der dieses Ansinnen formuliert; der Exhibitionist erschreckt ahnungslose und unvorbereitete Frauen; der Voyeur belauscht sexuelle Szenen, bei denen er sich selbst nicht preisgibt: Die anderen sind sein billiges Pornokino.

Wir können uns eine vornehme Sexualität denken, bei der die beiden Liebenden ihre Kooperation, ihre Kommunikation und ihr inniges Miteinandersein in sexuelle Handlungen umsetzen. Das zwingt unwillkürlich beiden Beteiligten Rücksichtnahme, Takt und Dezenz auf, was aber in keiner Weise ausschließt, dass Vitalität und Temperament sich frei betätigen.

Pervers erkrankte Menschen haben wenig Selbstrespekt, und zwar nicht nur wegen ihrer Perversion. Im Gegenteil: Das Ursachenverhältnis ist umgekehrt: Wer Opfer von Kleinheitsgefühlen ist, bedarf der sexuellen Anomalie, um den Rausch der eigenen Ungeheuerlichkeit zu genießen. Die Perversion bedeutet neben Hingabeangst hauptsächlich Eitelkeit und Selbsterhöhung durch Selbstbetrug.

Distanz Der vornehme Mensch zeigt das »Pathos der Distanz«, aber in gemilderter Form. Nietzsche insistierte darauf, dass dem vornehmen Menschentypus das Pathos der Distanz eigentümlich sei; er halte überall auf Abstand und mache sich nirgendwo gemein. Das Vorbild hierfür waren für den Philosophen die Aristokraten in den verschiedenen geschichtlichen Gemeinwesen. Von Nietzsche selbst ist bezeugt, dass er nicht nur das Einsiedlerleben bevorzugte, sondern auch in Gesellschaft durch ein formvollendetes Benehmen eine Sphäre von Unnahbarkeit um sich schuf.

Vieles im traditionellen Aristokratismus war gewiss nur Mache und Manier. Aber die Feudalgesellschaft hat doch höfische Umgangsformen entwickelt, die durch Selbstrespekt und Respekt vor dem Mitmenschen, sofern er ebenfalls adelig war, gekennzeichnet waren.

Wir halten dafür, dass derlei auch in demokratische Gesellschaftsformen übernommen werden soll. Der Edle achtet auf eine bestimmte Stilisierung seiner selbst; Formlosigkeit ist ihm ein Gräuel. Das zeigt sich in der sorgfältigen Kleidung, in Reinlichkeit, taktvollem Umgang, gewählter Sprache, Zucht der Bewegung (keine Hast und keine Stilwidrigkeiten), Selbstbeherrschung auch in komplizierten Lebenslagen.

Es ist auffallend, dass viele Patienten in der Psychotherapie irgendwie distanzlos anmuten. Sie breiten sich in ihrem Reden und in ihren Krankheitsdemonstrationen aus, beachten zu wenig die Rechte des Mitmenschen, können sich bedenkenlos mit einer Nehmerposition abfinden, wollen wie Kinder behandelt sein und stellen Ansprüche, ohne Gegenleistungen zu erbringen.

Ein Gutteil der Psychotherapie besteht darin, dem Analysanden diese Distanzlosigkeiten zum Bewusstsein zu bringen und sie durch geduldige Erziehung abzubauen. Freud tönte diese Problematik in seinem Übertragungstheorem an: Was er als Übertragungsliebe und Übertragungskämpfe schilderte, sind weithin Verhaltensanomalien, die an Verstöße gegen Herrn Knigge erinnern.

> **Die therapeutische Kur ist erfolgreich, wenn beide Protagonisten mit der Zeit taktvolle, freundliche und durch wechselseitige Achtung getragene Zusammenarbeit erlernen.**

Beherrschtheit Der vornehme Mensch hat relativ wenige Affekte, die er zudem unter Kontrolle hält; selten reagiert er sie ab. Im Leben des Durchschnittsmenschen und vor allem des neurotisch Erkrankten kommt es oft zu Affektzuständen. Man regt sich über alles und jedes auf. Viele Leute sind sogar stolz auf diese Eigenschaft und nennen sie Temperament. In Wirklichkeit handelt es sich eher um Unbeherrschtheiten.

Affekte sind Reaktionen, die von einer gefühlten Minderwertigkeit zu einer drastischen Überlegenheit hinstreben. Sie sind vom Machtbedürfnis infiziert. Wer Affekte bekundet, ist ein Machttyp, so ohnmächtig er auf den ersten Blick hin erscheinen mag. Denn man beherrscht seine Umwelt und schüchtert sie ein nicht nur durch Wut und Zorn, Hass und Neid, Eifersucht und Misstrauen, sondern auch durch Angst, Trauer, Verzagtheit und Verzweiflung.

Spinoza in seiner *Ethik* rechnete die Affekte kurzerhand zu den »kleinen Geisteskrankheiten«. Er meinte, dass der Wütende, Hassende, Depressive und Neidische gleichsam von fixen Ideen befallen sei und sich realitätsfremd oder vernunftwidrig verhalte.

Jedenfalls zeigt sich im Affekt ein Stück Rohheit. Das ist nicht unverfälschte, sondern aus dem Gleichgewicht geratene Menschennatur. Nietzsche verglich die Affekte mit Wildwasser; wer neben ihnen sein Land bebaut, ohne sie zu kanalisieren, muss befürchten, dass dieses dauernd überschwemmt und beschmutzt wird.

> **Zähmung der Affekte ist demnach Voraussetzung für den sicheren Aufbau der Kultur.**

Neurotisch erkrankte Menschen liegen in einem permanenten Kleinkrieg mit ihrer Umgebung. Da sie sich selbst als unterlegen empfinden, müssen sie andere herabsetzen; dazu brauchen sie ihre Affekte. Denn erst die vitale Untermalung gibt einer Lebensäußerung dieser Art ihre Durchschlagskraft. Wer Angst hat oder herrsch-

3

süchtig ist, wird von selbst darauf kommen, lebhafte Affektimpulse in sich zu pflegen.

Ein einziger Affekt kann vom Neuroseverdacht befreit werden: Es ist dies der Zorn, den man mit Recht auch heiligen Zorn nennt. Es gibt Dinge und Zustände in der Welt, über die sich selbst der friedfertigste und gütigste Mensch erzürnen und empören kann. Alle anderen Affektreaktionen jedoch sind in der Regel neurotische Manöver, die unlautere Absichten verfolgen. Darum: Vorsicht gegenüber Affekten!

Relative Freiheit von Vorurteilen Der Vornehme leistet sich nicht den fragwürdigen Luxus, soziale Vorurteile zu pflegen. Affekte betätigen sich nicht nur in der Zwischenmenschlichkeit des Alltags; sie bemächtigen sich auch der Denkprozesse und der Wertungen. Als ein spezifisches Produkt affektiven Denkens und Wertens kennen wir die Vorurteile. Sie sind irrationale Überzeugungen, die meistens irgendwelche Menschengruppen betreffen, wobei die eigene Gruppe gegenüber der Fremd- und Nachbargruppe ziemlich hoch eingeschätzt wird.

Auf die *Sie*-Gruppe werden fast alle Untugenden und Laster projiziert, welche die *Wir*-Gruppe bei sich selbst nicht wahrhaben will. Das Vorurteil in seiner Schwarz-Weiß-Malerei dient dem Ehrgeiz und der Überheblichkeit, hat aber immer auch ökonomische und sozialpolitische Motivationen. Wo Herrschaft stabilisiert werden soll, ist es nützlich, die Herrscher und die Beherrschten in gemeinsamen Vorurteilen gegen Nachbargruppen zusammenzufügen. Der Autoritarismus bedarf der Vorurteilshaftigkeit, um seine Macht aufrechtzuerhalten. Für die Opfer bestehender Unterdrückung und Ausbeutung ist es tröstlich, auf andere herabsehen zu dürfen, die sich von uns durch Nation, Rasse, Religion, Geschlecht und sozialen Stand unterscheiden.

> **Vorurteile sind eine extrem unvornehme Art, das eigene Selbstwertgefühl zu stützen und zu erhöhen. Es ist so leicht,**

sich allein durch Nationalität, Rasse, Religion und Geschlecht Exquisitheit zuzuschreiben. Eitle, Faulpelze und Niedriggesinnte sind von dieser Möglichkeit, überheblich zu sein, fasziniert. Wer sich aber als echte Individualität empfindet, wird es vermeiden, auf diesem abgekürzten Wege zur Selbstbestätigung zu gelangen.

Vorurteile bieten ein vereinfachtes Weltbild im Sinne eines Manichäismus. Es gibt das gute und das böse Prinzip; wir gehören zum Ersteren, unsere Nachbarn zum Letzteren. In diese Weltschau ist viel Aggression investiert. Sie führt häufig zu verschärften Antagonismen, die Kampf, Krieg, Verfolgung und Vernichtung veranlassen. Wo immer man soziale Vorurteile feststellt, kann man gefasst darauf sein, einen dürftigen Menschentypus vor sich zu haben. In unserem Jahrhundert wurde schauerlich genug erlebt, wie barbarisch Vorurteilsträger hausen und wüten können.

Selbstüberwindung Das Leben des vornehmen Menschen kreist um Selbstüberwindung. Ein Mensch, der irgendwann in seinem Werdegang die hohe Kunst der Selbstüberwindung gelernt hat, wird sich unweigerlich edel betragen, sei es in Gegenwart von anderen oder auch in seinem Alleinsein. Das Erziehungsgeschäft hat keinen Grund und Boden, wenn man die Kinder nicht dazu anleitet, sich selbst zu überwinden.

> **Man spricht heute unter dem Einfluss einer halb verstandenen Psychoanalyse hauptsächlich von Liebe zum Kind. Sie ist wichtig, aber wenn das Kind nicht die Selbststilisierung lernt, hilft die großartige Elternliebe nur wenig.**

Nietzsches Philosophie legt großen Wert auf dieses Thema. Möglicherweise bedeutet sogar der viel zitierte Wille zur Macht in entscheidender Weise Selbstüberwindung und nicht Herrschaft über andere. Im Leben liegt nach Nietzsche die

Tendenz, sich selbst durch Kraftsteigerung zu erhöhen. Gesundes Leben will nicht nur Expansion, sondern auch die Transzendenz nach innen, um ein immer höheres menschliches und ethisches Potential zu erreichen.

Vornehmheit ist daher oft mit innerweltlicher Askese verbunden. Das asketische Ideal entsprang dem religiösen Weltbild und führte in seinem Rahmen zu wahnwitzigen und willkürlichen Selbstquälereien, die keine wahre Selbstbeherrschung mit sich brachten. Der fromme Asket ist nur ein Zerrbild von Eigenmacht des Menschen. Es ist nichts damit getan, dass der Mensch hungert, sich nicht reinigt, sexuell enthaltsam lebt oder sich sogar kastriert.

Normale Askese ist der Versuch, durch besonnene Lebensführung die eigenen Kräfte zu steigern und vor allem die Geistigkeit aus ihren umweltlichen, biologischen und sozialen Banden zu befreien. Der Geist ist eine Trutzmacht des Lebens. Sein Dasein bewährt sich im Neinsagen-Können, in der Kontrolle über Ängste, Triebe und Bedürfnisse. Jeder Mensch, der innerlich frei werden will, wird ohne Mystizismus dahin gelangen, dass er dem Bios in sich gewisse Grenzen setzt, ihn erzieht und modelliert. Geist ist Herrschaft über sich selbst.

Positives Denken über die Mitmenschen Die im vorangehenden Abschnitt geschilderte Selbststilisierung oder Selbstformung ist ein unumgängliches existentielles Anliegen; jeder verspürt den Drang dazu im eigenen Inneren, da dies dem Leben selbst inhärent ist. Wo nun aber diesem Bedürfnis nicht entsprochen werden kann (aus lebensgeschichtlichen Gründen wie Mangel an Erziehung, Vorbildern und Bildungseinflüssen), entsteht eine merkliche Frustration, eine Enttäuschung am eigenen Ich. Gibt es doch das personale Gewissen, das im Grunde darüber wacht, ob der Mensch seine eigentlichen Lebensaufgaben wahrnimmt oder nicht. Sofern er diese verfehlt, kommt es zu anderen Gewissensbissen als bei irgendwelchen peripheren Delikten und Deviationen: Der Mensch ist über sich selbst enttäuscht und empfindet dies als frustrierend.

Diese Frustration erzeugt Aggression – wie jedes Nichterreichen von wichtigen Zielsetzungen. Viele Menschen neigen dazu, diese Aggression von sich abzulenken und sie auf die Mitmenschen zu richten. Man kann davon ausgehen, dass nahezu jeder ungeformte und mit sich uneinige Mensch einen gewissen Groll gegen seine Mitmenschen hegt. Er trägt ihnen nach, dass er aus sich selbst nichts oder nicht viel machen kann. Das erzeugt in ihm Neid und Eifersucht, Erbitterung und Ressentiment. Diese werden abreagiert, wo immer das angeht.

Das äußert sich etwa in der Bereitschaft zur üblen Nachrede. Der kleine Mensch hat sein billiges Hauptvergnügen darin, über andere schlecht zu reden, sie herunterzumachen und zu entwerten. Das ist Balsam für seine wunde Seele, die keine Hoffnung auf Heilung hat. Die meisten unvornehmen Charaktere denken schlecht von ihren Mitmenschen. Sie kolportieren allerlei Informationen, durch die Verwandte, Nachbarn, Kollegen und Menschen überhaupt angeschwärzt werden.

Nichts verblüfft den Vornehmen so sehr, wie eng geratene Seelen im Verkleinern anderer ihre Freude finden. Der Erstere hat genug mit sich selbst zu tun; wie wollte er da stets im Schmutz der anderen wühlen! Eher schon tendiert er zum liebenden Blick im Sinne von Nicolai Hartmann, der vergrößernd wirkt. Seine Gefahr ist, dass er die Menschen überschätzt, indem er ihnen aus der Fülle des eigenen Gemüts überall Werdensmöglichkeiten einräumt.

Aufrichtigkeit Der vornehme Mensch vermeidet Ausreden und kultiviert in sich keine »mauvaise foi«. Jean-Paul Sartre in seinem Hauptwerk *Das Sein und das Nichts* (1943) sprach ausgiebig von der »mauvaise foi«, der Unredlichkeit und Mogelei. Er hielt dies für einen weit verbreiteten Wesenszug des Menschen, der sichtlich besser mogeln kann als alle anderen Lebewesen.

3

Die Unredlichkeit entspringt letztlich der Tatsache, dass der Mensch Materie und Möglichkeit zugleich ist. Die Materie ist schwer, träge und unspontan; das Bewusstsein jedoch ist lebendig, initiativ und selbstgestaltend. Es verwirklicht andauernd seine Möglichkeiten, denn es hat eine Zukunft, in der es zwar durch Umstände aller Art behindert seine Selbstformung und Entfaltung vollzieht.

Nun ist Freiheit und Selbstgestaltung mit Verantwortung verbunden. Diese wird von den Menschen in der Regel gescheut. Man möchte am liebsten (vor allem, wenn man neurotisch, kleinmütig und erfolglos ist) ein Opfer der Verhältnisse sein. Zu diesem Zweck stellt man sich als ein völlig determiniertes Wesen dar. Man tut so, als ob man nicht freies Bewusstsein, sondern eben träge Materie wäre.

> **Das ist der fundamentale Inhalt der Unredlichkeit. Menschen gebärden sich so, als ob sie für ihr Schicksal, ihren Charakter und ihre Lebensführung nicht haftbar gemacht werden dürften.**

Nun weiß jedermann, dass es tatsächlich Umstände und Schicksalsfügungen gibt, welche die Freiheit des Menschen fast an den Nullpunkt heranführen. Aber das ist selten, und meistens handelt es sich um Ausreden, wenn Menschen allein die Macht der Dinge und Verhältnisse anschuldigen. So reden sich viele darauf heraus, dass sie eine schlechte Erbmasse haben, nicht gut erzogen wurden, Traumatisierungen erlitten, nicht den richtigen Partner haben usw.

Es ist unvornehm, keine Verantwortung für das eigene Leben und Schicksal übernehmen zu wollen. Der edle Mensch weiß wohl, dass er nicht alle Faktoren und Umstände seines Daseins in der Hand hat. Gleichwohl anerkennt er sein Mitbeteiligtsein an seinem Glück und Unglück. Nach Sartre sind wir nicht nur Opfer unserer Existenzumstände, sondern auch Mitschuldige; wir müssen große Teile unseres Lebens selbst verantworten.

Wenig Projektionen, Rationalisierungen und Verdrängungen Wir können den Grad von Vornehmheit an einem Menschen ungefähr dadurch bestimmen, dass wir uns fragen, wie wenig er zu Projektionen, Rationalisierungen und Verdrängungen neigt. Alle drei Arten von seelischen Abwehrmechanismen sind jedenfalls nicht unbedingt edel.

Wie bereits im Abschnitt über die Vorurteile angedeutet, sind Projektionen Methoden der inneren Unwahrhaftigkeit: Was an uns selbst fragwürdig ist, wälzen wir auf andere ab, um dadurch unsere eigene Weste reinzuwaschen. Menschen mit Projektionen sind für ihre Mitmenschen gefährlich; auf die gedankliche Aggression folgt nicht selten echte Gewaltanwendung, welche den anderen mitunter sogar das Leben kosten kann.

Auch Rationalisierungen gehören zum Bereich der Lebenslüge. Man sucht faule Ausreden und ist selbst untadelig; lediglich die Umstände hindern uns daran, unsere Reinheit und Größe zu bekunden. Das ist ein zutiefst unwürdiges Verfahren, um vor sich und anderen gut dazustehen. Der vornehme Mensch wird solche Lügentechniken vermeiden, da er redlich und unverstellt durchs Leben geht. Es ist für ihn fast unbegreiflich, dass man mit üblen Tricks das Selbstwertgefühl erhöhen will.

Des Weiteren sind Verdrängungen Retuschierungen an unserem Selbstbild, damit dieses unserer Eitelkeit und unserem kindischen Stolz genügen kann. Man verdrängt, indem man konsequent den Blick von wichtigen Fakten der eigenen Innenwelt und der Umwelt abwendet; man will nicht hinsehen, weil der betreffende Anblick uns mit unseren Unzulänglichkeiten konfrontiert.

Dies geschieht in der Regel deshalb, weil wir uns mit den Augen der anderen ansehen und deren Kritik innerlich vorwegnehmen. Der Gedanke, dass es an uns etwas geben kann, was der Nachbar missbilligt, lässt uns erzittern. Daher die Bereitschaft zur Verdrängung, welche ein höheres Maß an Selbstentfremdung voraussetzt und der Anfang vieler psychopathologischer Prozesse ist. Aus Verdrängungen setzen sich Charakteranomalien, Neurosen, Perversionen und ein Teil der Psychosen zusammen.

> ❯ **Wer aufrecht und ehrlich ist, steht zu seinen Mängeln, Fehlern und Lastern. Er kann sich bemühen, sich zu verbessern, aber über den Status quo will er sich nicht hinwegtäuschen. Diese Art Redlichkeit ist vornehm.**

Montaigne in seinen *Essais* erzählte, dass er die Fehlgriffe in seinem Leben angemessen bedauert habe; und danach fuhr er launig fort: »Aber das ist auch alles gewesen.«

Dankbarkeit Die vornehme Seele ist dankbar. Schwer begreiflich ist es für den edlen Menschen, dass gemeine Seelen sich von anderen helfen und durch sie fördern lassen, ohne Dankbarkeit zu empfinden. Wer Wohltaten empfängt, darf es sich nicht verdrießen lassen, zum Dank verpflichtet zu sein. Das entwertet ihn in keiner Weise, im Gegenteil: Es adelt ihn.

Plebejernaturen haben Angst davor, im Gefühl der Dankbarkeit jemand anderen achten und hochschätzen zu müssen. Sie wollen im Grunde niemanden gelten lassen, und im Einklang mit ihrer mehr oder minder begründeten Selbstverachtung denken sie, dass auch alle anderen irgendwo und irgendwie »Schweinehunde« seien.

Man findet oft, dass niedriggesinnte Menschen ihren Eltern, Lehrern, Mentoren und auch Therapeuten nicht dankbar sein können. Sie suchen mit aller Gewalt Fakten zusammen, wo man ihnen angeblich Unrecht getan oder sie nicht verstanden hat. Daraus leiten sie mit krummer Logik ab, dass sie nicht zu Dank verpflichtet seien. Man hat ihnen nie genug Gutes getan. Bequemlichkeit und Riesenerwartungen dieser Charaktere verdichten sich zu einem permanenten Unzufriedenheitsgefühl, das jeglichem Dankbarseinkönnen fundamental widerspricht. Beim Vornehmen jedoch strömt die Dankbar-keit aus der eigenen Lebensfreude und Selbstsicherheit hervor.

Und dieser Dank richtet sich nicht nur auf die mitlebenden Menschen. Der edle Mensch ist tief ergriffen von den unendlichen Leistungen der Vorwelt, auf die sich unsere Gegenwart stützt und auf denen sie aufbaut. Was haben nicht frühere Generationen alles geleistet und geschaffen, das wir als dankbare Erben übernehmen können! Alle Errungenschaften der Kultur sind uns überliefert, und wir müssen nur den rechten Gebrauch davon machen, um unser Dasein sinn- und wertvoll einzurichten.

Wer edel denkt, will nicht einfach nur Empfänger sein. Er wird sein ganzes Tun und Wirken darauf ausrichten, den erworbenen Reichtum nicht nur zu erhalten, sondern auch zu vermehren. Das gelingt ihm am ehesten, wenn er die Erbschaft mit Freude und Ehrfurcht übernimmt. Der Enthusiasmus für den Kulturbesitz ist die Grundlage für weiteres Kulturschaffen und womöglich sogar die Basis für das Ethos überhaupt. Der Abbé Galiani im 18. Jahrhundert, den Nietzsche hochschätzte, meinte jedenfalls:

> ❯❯ Alle Tugend ist Enthusiasmus. ❮❮

Mut Der vornehme Mensch, ob er es will oder nicht, wird meistens in einen heroischen Lebenslauf hineingeraten. Diese These stammt von Schopenhauer. Der Philosoph dachte hierbei eigentlich an den genialen Menschen, aber unseres Erachtens ist der vornehme mitgemeint. Eine eindrückliche Textstelle Schopenhauers sagt:

> ❯❯ Ein glückliches Leben ist unmöglich: Das höchste, was der Mensch erlangen kann, ist ein heroischer Lebenslauf. Einen solchen führt der, welcher, in irgendeiner Art und Angelegenheit, für das allen irgendwie zugute Kommende, mit übergroßen Schwierigkeiten kämpft und am Ende siegt, dabei aber schlecht oder gar nicht belohnt wird … Sein Andenken bleibt und wird als das eines Heros gefeiert. Sein Wille, durch

3

Mühe und Arbeit, schlechten Erfolg und Undank der Welt, ein ganzes Leben hindurch, mortifiziert, erlischt in dem Nirwana (Schopenhauer 1977, S. 350). **«**

Zur Interpretation möchten wir Folgendes zu bedenken geben: Die Mehrheit der Menschen ist unter den derzeit gegebenen Bedingungen durchaus nicht vornehm. Im Gegenteil, sie bevorzugt das Nichtherausragende und Gemeine. Das ergibt von vornherein einen Gegensatz zwischen dem Vornehmen und seiner jeweiligen Umwelt. Er geht wie ein Fremder und Einzelner durchs Leben, meistens missverstanden, wenn möglich auch von den Schlauen und Superklugen übervorteilt und aufs Kreuz gelegt, wenn nicht gar ans Kreuz geschlagen.

Erst nach und nach wird seine Vornehmheit oder sein hervorragendes Menschentum den blinden und halb blinden Zeitgenossen verständlich oder sichtbar. Sie bedauern nun eventuell, was sie dem Großgesinnten und Hochgemuten angetan haben. Aber die bedeutenden Ehrungen kommen fast immer zu spät; der Wohltäter der Menschheit erlebt sie üblicherweise nicht mehr.

Aus all dem ergibt sich, dass Mut ein notwendiges Korrelat zur Vornehmheit ist. Gemäß unserer Definition ist Mut jene Eigenschaft, die es dem Menschen ermöglicht, das sozial-kulturell Schwierige zu tun. Alle anderen Tapferkeitsbestimmungen fallen hierbei außer Betracht; militärische Leistungen etwa haben in der Regel eine andere Grundlage, sei es der vorangehende Drill, der Lebensüberdruss, kindische Eitelkeit oder Masochismus.

Der vornehme Mensch jedoch, der gegen den Widerstand der stumpfen Welt ein hohes und Kultur förderndes Anliegen durchsetzen will, benötigt den Mut zum Vereinzeltsein und zur Überwindung der Angst vor jeglichem Ostrazismus, also der Ablehnung durch die Majorität. Es ist ein fast Mitleid erregendes Schauspiel, wenn man beobachtet, wie große Charaktere mit unsäglicher Mühe ihre Mitwelt zu beschenken

pflegen und dabei gegen Mauern von Dummheit, Sturheit und Unvernunft anrennen müssen. Wer da nicht tapfer ist, bleibt schon im Vorfeld der bedeutenden Leistung stecken.

Eine andere Beschreibung desselben Sachverhaltes ist, wenn wir Vornehmheit mit dem aufrechten Gang verknüpfen.

❯ **Der Mutige geht aufrecht, und zwar in der doppelten Bedeutung des Wortes.**

Er hat nicht nur eine gerade und geradlinige Haltung in allen Beschwerlichkeiten des Lebens, sondern ist auch inspiriert vom Geist der Revolte, welcher die Gegenwart überschreitet um einer besseren Zukunft willen. Er schwimmt gegen den Strom, in dem die meisten Zeitgenossen sich treiben lassen. Er ist ein zukünftiger Mensch im Gegensatz zu vielen anderen, welche die Vergangenheit hypostasieren und die Gegenwart verabsolutieren.

3.3   Psychotherapeutische Erwägungen

Es ist ein Glück für den Patienten in der Psychotherapie, wenn er per Zufall auf einen vornehmen Analytiker in unserem Sinne stößt und nicht auf einen Spießer oder Bildungsphilister. Verlauf und Erfolg der Behandlung werden im einen oder anderen Falle ziemlich verschieden aussehen.

Der vornehme Therapeut ist leidenschaftlich in seinem Beruf engagiert. Er übt ihn nicht um des Gelderwerbs willen aus, wiewohl er bei Patienten, die materiell gut dastehen, entsprechend seiner Berufskompetenz angemessene Honorare verlangen kann. Bei Minderbemittelten jedoch wird er den Honoraransatz in der Weise senken, dass trotz Geldmangel eine Therapie möglich ist.

Vornehmheit in der Therapie bezeugt sich darin, dass der Analytiker nach und nach den Analysanden in seine eigene Welt eintreten lässt und ihm darin Geborgenheit anbietet. Die sinnvolle Distanz zwischen den beiden Protagonisten bleibt erhalten; aber der Therapeut ist bereit, sein ganzes Wissen und Können in die Waagschale zu werfen, um sein Gegenüber aus der morbiden Welt der Neurose zu befreien.

> Angenehme Umgangsformen, Liebenswürdigkeit, zwangloses Auftreten, sichere Haltung und Verbindlichkeit sind das Klima, welches der Analytiker schaffen muss. Er behandelt seinen Schützling trotz dessen Symptomen und Not wie einen Gleichgestellten. Er gibt ihm das Gefühl, geschätzt und geachtet zu werden. Das therapeutische Verhältnis ist gekennzeichnet durch Anmut, Würde und wechselseitigen Respekt. Das bringt der Analysand nicht allzu oft selbst mit; er kann und soll es aber von seinem Mentor lernen.

Sehr bald macht der vornehme Therapeut aus der analytischen Beziehung ein ernstes Arbeitsbündnis. Wohl hört er eine Zeitlang die Klagen und Leidensdemonstrationen des Patienten an; dann aber insistiert er darauf, die Therapie in echte Forschung zu verwandeln.

Neurose, Werdensgeschichte und Lebensplan des Analysanden sollen sorgsam erarbeitet werden. Der Letztere erzählt alles, was er von sich weiß; der großgesinnte Analytiker wird all das nicht schweigend anhören, sondern laufend mit seinen Einsichten kommentieren, so dass Erkenntnisarbeit entsteht. Den in sich verkapselten Patienten umfängt so der Duft der weiten Welt. Er, der allzu sehr in seine Privatheit eingeschlossen ist, empfängt nun den hohen Reiz analytischer Erkenntnisse, wird eingeführt in die tiefenpsychologische Therapie und Theorie, begreift deren Kulturanalyse und vertieft so sein Selbstverständnis.

Wichtig ist hierbei, dass der Analytiker möglichst von jeglichem Dogmatismus frei ist und neben der eigenen Schule, der er angehört, auch die anderen Schulmeinungen gelten lässt.

Herrscht Dogmengläubigkeit im analytischen Dialog, kann dieser nicht zur inneren Befreiung führen.

Die Bereitschaft zum wohldosierten und doch groß angelegten Geben beim Analytiker ist deshalb so entscheidend, weil der Analysand Opfer eines unterbrochenen Bildungsgeschehens ist. Die Bildung seiner Person ist irgendwann durch die Ungunst der Verhältnisse zum Stillstand gekommen. Da darf nun der Therapeut nicht bei den lebensgeschichtlichen Bagatellen verharren und endlos mit seinem Schützling ein privates Potpourri abhandeln.

Wenn schon der Patient Zeit und Geld in seinen Therapieprozess investiert, soll er auch vielseitige Information, Persönlichkeitsbildung und eine freie Weltanschauung bekommen. Freud und Adler jedenfalls waren bereit, dies ihren Patienten und Schülern zu geben.

Ehrgeiz, Eitelkeit und Plusmacherei sind dem vornehmen Therapeuten weitgehend fremd. Er fühlt sich als Arzt und Lehrer des richtigen Lebens. Diese hohe Aufgabe verbietet gleichsam alle Mätzchen und Machinationen. Menschenführung ist vermutlich die schwierigste und schönste Aufgabe, welche sich der Mensch stellen kann. Wer so hoch greift, soll nicht narzisstisch auf Applaus und Anklang bei der Öffentlichkeit schielen.

Im Geiste der Vornehmheit werden die Lebensschwierigkeiten des Analysanden in die Problematik der Conditio humana und in die Not der Menschen mit ihrem Leben überhaupt eingeordnet. Dabei soll der Patient sein Lebensverständnis vertiefen, kenntnisreich und auch ein wenig weise werden.

> Die Behandlung ist gelungen, wenn der ehemalige Patient ein halber oder ganzer Helfer für die Mitmenschen geworden ist.

Interpretierend und lehrend, aufklärend und heilend, fördernd und anregend gestaltet der Therapeut aus der Therapiebeziehung eine zwi-

3

schenmenschliche Situation, die human im wahren Sinne des Wortes genannt werden kann.

3.4   Erziehung zur Vornehmheit

Wer ein Kind zur Vornehmheit erziehen will, muss sich selbst in seinem Leben nach den Maßstäben des Edelmuts und der Hochgesinntheit verhalten. Das Kind wird derlei früh in sich aufnehmen und bald imitieren.

Des Weiteren achte man darauf, dass das Kind lebenstüchtig wird. Ein untüchtiger Mensch kann nur schwer edel werden. Er hat soviel Plackerei mit sich und seinen Mitmenschen, dass er kaum in der Lage sein wird, große Maßstäbe an sich anzulegen. Bevorzugt der Erfolgreiche wird möglicherweise ins Vornehme hinaufwachsen.

Man soll das Kind zur Gemeinschaftsfähigkeit erziehen, aber es soll auch in der Lage sein, seinen Weg allein und gegen alle Majorität zu gehen. Gemeinschaftshörigkeit ist eine schlechte Voraussetzung für die innere Unabhängigkeit, welche der Edle braucht. Nietzsche war der Meinung, es sei der Fehler der üblichen Erziehungsweise, dass man die Jugend nie lehre, die Einsamkeit zu ertragen.

Die Ideale, die man der Jugend vorführen und empfehlen soll, sind Persönlichkeiten, die außerhalb des jeweiligen Mainstreams standen und doch für die Menschheit Großes und Wichtiges leisteten. Diese Außenseiter sind die wahre Elite des Menschengeschlechtes.

Auf die Notwendigkeit des Gebenkönnens haben wir bereits mehrfach hingewiesen. Nur ein Geber wird sich vornehm betragen; die Nehmerhaltung inkludiert geradezu das Plebejische. Nach Nietzsche benimmt man sich unwillkürlich vornehm, wenn man von den Menschen wenig oder gar nichts will.

Vorurteilsfreiheit ist ebenfalls ein grundlegender Erziehungsfaktor im Hinblick auf vornehmes Menschentum. Erzieht man ein Kind zur geistigen Enge und Engstirnigkeit oder zu

irgendeiner Form des kollektiven Hochmuts, ist es für jegliche Art von Massendenken und Massenpsychose empfänglich. Es wird Anschluss suchen und finden an den Pöbel, der in allen Schichten der Bevölkerung zahlreich ist und den Ton angibt.

Der Respekt, den wir dem Zögling als Erzieher zollen, übersetzt sich bei ihm meistens in Ehrfurcht vor sich selbst. Jedes Kind soll im Lichte von Ehre und Achtung heranwachsen. Natürlich ist Gewaltpädagogik hierbei von Übel. Gespräch und geistige Förderung sind der Hebelarm, mit dem man ein Menschenkind ins Geistig-Kulturelle emporhebt.

Wer keine Furcht vor sich selbst hat (auch nicht vor seinen Trieben, Affekten und Gefühlen), kann sich formen und bilden. Angst oder Abscheu vor sich lässt Duckmäuser und Sklaven aller Art entstehen. Im Medium einer vernünftigen Selbstliebe ist Selbststilisierung möglich. Der Heranwachsende soll das Bewusstsein haben, dass er aus sich selbst etwas machen kann und darf.

Ja sagen zu sich selbst heißt aber auch: Sich seine eigenen Pflichten und Aufgaben im Leben suchen, die kein anderer so leicht übernehmen kann. Wer Auszeichnung will, soll einiges dafür tun. Die vornehme Seele verlangt nach Ehre, aber sie will sie auch redlich verdienen. Irgendein Aristokrat der beginnenden Neuzeit hatte in seinem Wappen den stolzen Spruch: »Ich diene!« Das darf durchaus jeder neuzeitliche Mensch, dem Selbstverwirklichung ein hoher Wert ist, für sich wiederholen.

Jenseits des Berufs hat der Vornehme eine Lebenssphäre, in der er sich als Mensch bauen, gestalten und bekunden will. Er ist der eigentlichen Muße mit Würde fähig. In dieser sucht er die Menschwerdung des Menschen an sich selbst exemplarisch zu realisieren.

Vornehmheit kehrt in mancher Hinsicht zum antiken Heidentum zurück und lässt zwei Jahrtausende Christentum wenn möglich beiseite. Wir haben Beispiele des Vornehmseins in der antiken Literatur. Plutarch (45–125 n. Chr.) in seinen Biographien bedeutender Menschen gab für manche Epochen die Muster von menschlichem Heroismus und persönlicher Größe kund.

> **Erziehen wir die Kinder zur Freiheit in allen ihren Abschattungen, werden sie vermutlich von selbst die Wege zur Vornehmheit finden. Aber nur wenige werden den Mut haben, dieses unpopuläre Ideal in ihrem Leben festzuhalten.**

Literatur

Hartmann N (1926) Ethik. de Gruyter Berlin
Nietzsche F (1988) Jenseits von Gut und Böse, KSA 5. dtv/de Gruyter, München/Berlin (Erstveröff. 1886)
Schopenhauer A (1977) Parerga und Paralipomena II, erster Teilband. Diogenes, Zürich (Erstveröff. 1851)

Liebesfähigkeit

Der Spötter Heinrich Heine formulierte bei Gelegenheit den saloppen Satz: »Was Ohrfeigen sind, weiß jeder; was die Liebe ist, das hat noch niemand herausbekommen.« Diese These in ihrer witzigen Zuspitzung kann wohl kaum ernstlich aufrecht erhalten werden. Sie ist ebenso fragwürdig wie die Meinung La Rochefoucaulds, der in seinem skeptischen Aphorismenbuch aus dem Jahre 1665 die Lehre vertritt: »Die wahre Liebe ist wie ein Gespenst; jeder spricht davon, aber niemand hat sie wirklich gesehen!«

So schwierig und so düster liegen die Dinge nicht, wie der Witzbold und der Moralist uns glauben machen wollten. Das Problem der Liebe ist tiefgründig; wer es erforschen will, muss aber nicht am Nullpunkt beginnen, sondern kann sich auf vielfältige Vorarbeit stützen. So haben vor allem die Dichter Wesentliches zur Erkenntnis der Liebesthematik beigetragen. In den großen Romanen der Weltliteratur, in der Lyrik aller Zeiten und Völker, in Dramen und Lustspielen sind unendlich reiche Beobachtungen über Glück und Tragik der Liebe beschrieben.

Auch die Philosophen wussten hierüber einiges zu erzählen: Von Plato (*Symposion*) bis Max Scheler (*Wesen und Formen der Sympathie*) wurden Einsichten deutlich, die sich mit den Intuitionen der Dichter und Schriftsteller sehr wohl messen können. Besonders für die existentiellen Denker war die Liebe eine zentrale Frage. Sowohl erlebnismäßig als auch metaphysisch versuchten sie, das Thema zu deuten und einzukreisen.

Des Weiteren hat sich die Spruchweisheit des Volkes ausgiebig mit dem Liebesphänomen befasst. Die Sprichwörter der Völker enthalten eine Psychologie, die aus dem konkreten Leben stammt und sich nicht in verstiegene Allgemeinheiten verirrt. Wer anthropologische und moralisch-ethische Grundfragen studiert, sollte stets auch diesen Erfahrungsschatz zu Rate ziehen, da in ihm die schlichte Erfahrungsmodalität des Alltagslebens ihren Niederschlag gefunden hat.

Ein wissenschaftliches Verständnis der Liebe scheint sich in den Erkenntnissen der Tiefen-

psychologie anzubahnen, die lebensnäher und überzeugender sind als die Resultate der akademischen Psychologie des 19. und 20. Jahrhunderts. Hier wird der Mensch nicht unter künstlichen Laboratoriumsbedingungen untersucht, und man vermeidet es, mit dürren Abstraktionen sein Innenleben zu schematisieren.

All dies wurde interessant, als man in langjährigen Psychotherapien Gelegenheit hatte, das faktische Liebesleben der Menschen bis in seine feinsten Verzweigungen zu erforschen. Vor allem warfen die psychopathologischen Befunde (Neurosen, Perversionen usw.) ein Licht auf das Wesen des normalen Liebesphänomens:

> Gerade in den krankhaften Veränderungen zeigte sich mit großartiger Deutlichkeit, wie man sich die unverstümmelte Liebe vorzustellen habe. Mit Hilfe der tiefenpsychologischen Charakterologie können wir hoffen, das Rätsel der Liebe einigermaßen zu klären.

4.1 Konstruktionen des Materialismus

Die Materialisten des 19. Jahrhunderts entwarfen Theorien der Liebe, die eigentümlich und konstruiert anmuten. Meistens ging man von biologischen Voraussetzungen aus, die durch die Evolutionslehre Darwins ein besonderes Gewicht erhalten hatten. Im Rahmen dieser Ideenwelt handelte es sich hauptsächlich darum, die Liebe von irgendeinem animalischen Phänomen abzuleiten. Es war naheliegend, hierbei an Sexualität zu denken. Viele naturalistische Autoren sind sich darin einig, das liebende Verhalten des Menschen als sublimierte Sexualität zu deuten.

Das eindrücklichste System dieser Art ist die Psychoanalyse. Für Sigmund Freud entsteht die Liebe gewissermaßen aus verzögerter oder verhinderter Sexualbefriedigung; sie ist ein Gefühl im Bereich der Vorlust, welche den Sinn hat, die

Endlust zu ermöglichen, nämlich die sexuelle Vereinigung. In ähnlicher Weise interpretierte Freud die Freundschaft zwischen Männern als eine sublimierte Homosexualität. Das Sexuelle galt als die tragende Schicht, auf welcher das Seelische lediglich als ein Derivat ruht.

Selbst die mütterliche Liebe zum Kind wurde von den Psychoanalytikern in die Rubrik Sexualität eingeordnet. Nicht zu Unrecht erhob sich dagegen ein Entrüstungssturm, in dem allerdings auch Missverständnisse eine erhebliche Rolle spielten. Was die Psychoanalyse Libido nennt, umfasst ja nicht nur das Triebhafte, sondern eben auch das Seelische im Menschen.

Gleichwohl ist der Einwand moderner Biologen ernst zu nehmen, die darauf hinweisen, dass die Handlungen, mittels derer man einander Liebe bezeugt, gar nicht so sehr aus dem Umkreis der Sexualität, sondern viel eher aus dem Bereich des Brutpflegeverhaltens stammen. So wird die menschliche Sexualität durch die Mutter-Kind-Beziehung geprägt und nicht umgekehrt. Der namhafte Verhaltensforscher Irenäus Eibl-Eibesfeldt umschreibt diesen Tatbestand folgendermaßen:

» Aus dem bisher Gesagten dürfte deutlich geworden sein, dass viele Verhaltensweisen, die man als typisch sexuell ansieht, wie Küssen und Streicheln, ihrem Ursprunge nach eigentlich Brutpflegehandlungen sind. Wir erinnern daran, weil Sigmund Freud in einer merkwürdigen Umkehrung der Deutung einmal behauptet hat, dass eine Mutter wohl erschrecken würde, wenn sie erkennen würde, dass sie ihr Kind so reichlich mit sexuellen Verhaltensweisen bedenke. Freud hat in diesem Falle die Richtung falsch gelesen. Eine Mutter betreut ihre Kinder mit Brutpflegehandlungen, und sie umwirbt mit diesen ihren Mann (Eibl-Eibesfeldt 1982, S. 172). «

Eine andere Ableitung, die seit dem Darwinismus Furore machte, ist die Erklärung des Liebeslebens aus dem Arterhaltungs- und Herdentrieb. Es wird etwa erläutert, dass der Mensch von Herdentieren abstammt, die immer schon gemeinschaftlich den Daseinskampf bestritten und dadurch große Vorteile gegenüber isoliert lebenden Arten mitbrachten. Aus diesem sozialen Instinkt habe sich nach und nach die Fähigkeit zur persönlichen Zuneigung entwickelt. Alfred Adlers Lehre vom angeborenen Gemeinschaftsgefühl des Menschen ist abhängig von dieser biologischen Denkweise, von der auch die Väter des Sozialismus stark geprägt waren.

Der biologistische Materialismus interessiert sich entscheidend für die Frage: »Woher kommt die Liebe?« Fasziniert von der Frage nach ihrer Herkunft vergisst er oft die viel wichtigere Frage: »Wie ist die Liebe?« Man überspringt das Phänomen selbst und ergeht sich in Spekulationen über dessen Ursprünge und Entstehungsgründe. Die neuere Forschung tendiert mehr zur sorgfältigen Beschreibung des Liebesgeschehens und gibt nicht mehr allzu viel auf Hypothesen, die ziemlich gewaltsam A aus B oder B aus C erklären wollen.

Freud scheint die Einseitigkeit solcher reduktiver Denkmanöver auf dem Gebiet der Liebe erkannt zu haben. So verzichtete er in seinem Spätwerk auf die Deduktion der Liebe aus der Sexualität und führte den Eros als eine quasi mythische Macht ein, die danach strebt, größere Einheiten des Lebens zu stiften und herbeizuführen. Dem Eros steht als Gegenspieler der Thanatos gegenüber, ein dumpfer und dämonischer Drang zum Tode. Aus dem Zusammen- und Gegeneinanderwirken dieser Mächte ergäbe sich die Fülle der Lebenserscheinungen.

Das ist sicherlich dunkel geredet, aber man kann daraus die Formel entnehmen, dass Liebe ein Drang zu Leben und Mehr-Leben ist und wesensmäßig auf Vereinigung abzielt. Je mehr und je stärker diese Tendenz ausgeprägt ist, umso kraftvoller entfaltet sich das Lebendige, indes sich eine Abschwächung des Liebenkönnens dem Tode annähert. Hier wurde vom Begründer der Psychoanalyse etwas gesehen, das trotz der mythologischen Sprache realistisch zu sein scheint.

4.2   Phänomenologie der Liebe

Wie sieht eine nichtreduktive Theorie der Liebe aus? Was bekommen wir zu sehen, wenn unser Blick ruhig auf dem Liebesphänomen verweilt, ohne dass wir es eilig haben, unsere Erfahrung in vorgefertigte Konzepte zu fassen? Was erleben wir, wenn wir lieben, und was können wir beobachten, wenn wir wahrhaft an der Liebe anderer teilnehmen? Zunächst drängt sich die (populäre) Bestimmung auf, dass die Liebe ein Gefühl sei. Ein psychologisches Lexikon sagt über diesen Terminus:

» Gefühle sind Grundphänomene des Erlebens. Sie durchstrahlen als Dauergestimmtheiten das Seelenleben, bilden Ursprungserlebnisse vieler Strebungen und Wollungen und stellen eine Art Filter dar, durch den Umweltwirkungen den Menschen »ansprechen« und ihr spezifisches »Wertprofil« erhalten. Nach Qualität, Ansprechbarkeit, Tiefe und Nachhaltigkeit sind die einzelnen Gefühlsbereiche sehr verschieden und bedingen als individuelle Weisen des Gestimmtseins und Stellungnehmens den Grundtypus eines Menschen mit (Hehlmann 1968, S. 167). «

Gefühle werden in der Regel gegenüber dem Erkennen und Wollen als verschiedenartig dargestellt. Im Fühlen ergreift uns etwas Innerweltliches oder die Welt als Ganzes: Wir sind dem Geschehen pathisch hingegeben. Erkennen und Wollen sind aktiver; in beiden verschmelzen wir nicht mit dem Gegenstand, sondern verfahren mit ihm, entweder urteilend oder handelnd. Bei genauerem Hinsehen entdeckt man jedoch, dass sich alle drei psychischen Funktionen wechselseitig durchdringen: keine Erkenntnis ohne Gefühl und Wille, kein Wollen ohne Erkenntnis

und Gefühl, und kein Fühlen ohne begleitendes Wollen und Erkennen!

Ein wesentlicher Aspekt des Gefühls ist seine Fundierung in einer Stimmung. Die Stimmung des Liebenden möchten wir als heiter-ernst bezeichnen. Wer wirklich lieben kann, hat eine heitere Lebenseinstellung, die Ausdruck innerer und/oder äußerer Freiheit ist. Diese Heiterkeit wird durch einen gewissen Ernst untermalt, worin sich die realistische Selbst- und Welteinschätzung des Liebesfähigen zeigt. Dieser ist nicht lustig und nicht traurig – Eigenschaften, von denen die Erstere keinen Tiefgang besitzt, indes die Letztere durch Schwerfälligkeit oder Schwerblütigkeit die Zuwendung zum Du erschwert. An der heiteren Ernsthaftigkeit oder der vernünftigen Freude kann man die Bereitschaft zur Liebe wahrnehmen.

Gefühle sind gerichtet auf einen Gegenstand oder ein Objekt im weiteren Sinne des Wortes. Ihr zuständlicher Anteil liegt im Gestimmtsein; ihre intentionale Komponente hat Menschen oder Dinge im Visier. Liebe als eminent positives Fühlen will sich dem geliebten Objekt annähern und mit ihm vereinigen. Dies ist das Strebenselement in der Liebe; sie ist die Kraft, die uns auf andere hinbewegt und Schranken zwischen ihnen und uns überwindet.

Ein Aspekt der Erkenntnis des Liebesgefühls wurde von Max Scheler mit der Formel bestimmt, dass Gefühle Werterkennen seien. Liebe ist nicht neutral oder gar gefühlsleer wie das rein rationale Erkennen, sondern ein Werten, das alle unsere Gemütskräfte in Anspruch nimmt.

Der Zusammenhang zwischen Liebe und Erkenntnis ist längst bekannt. Schon Goethe schrieb in seinen jungen Jahren: »Man lernt nichts kennen, als was man liebt, und je tiefer und vollständiger die Kenntnis werden soll, desto stärker, kräftiger und lebendiger muss die Liebe, ja Leidenschaft sein.« Auch Leonardo da Vinci betonte: »Jede große Liebe ist die Tochter einer großen Erkenntnis.«

Die genannte Relation gilt jedoch weniger für das naturwissenschaftliche Erkennen als vielmehr für die Humanwissenschaften und sicherlich auch für die zwischenmenschlichen Beziehungen. In diesen Bereichen können Einsichten nur durch differenziertes Werterleben gewonnen werden. Ein dumpf dahinlebender Mensch, der wenig achtet und liebt, kann weder in den Künsten noch in den Wissenschaften vom Menschen brauchbare Arbeit leisten. Auch Paracelsus hatte derlei im Sinn, als er sagte:

» Wer nichts weiß, liebt nichts. Wer nichts tun kann, versteht nichts. Wer nichts versteht, ist nichts wert. Aber, wer versteht, der liebt, bemerkt und sieht auch … Je mehr Erkenntnis einem Ding innewohnt, desto größer ist die Liebe … Wer meint, alle Früchte würden gleichzeitig mit den Erdbeeren reif, versteht nichts von den Trauben (Paracelsus, zit. nach Fromm 1989, S. 438). «

Weniger einleuchtend mag auf den ersten Blick die Konkordanz von Liebe und Wille sein. Populäres Denken möchte die Liebesleidenschaft ganz von Willenselementen freihalten: Gefühl soll darin alles sein. Dies aber gilt nur für gewisse Formen der Verliebtheit, für Strohfeuer, gemischt aus unklaren Gefühlen und bedrängenden Triebwünschen. Der Liebende ist kontinuierlich auf die Geliebte bezogen; da er auf Dauer ausgerichtet ist, kann er Willenskraft nicht entbehren. Auch hat die reale Liebe stets mit dem Widerstand der stumpfen Welt zu kämpfen; wie will sie den bezwingen, wenn sie nicht willentlich gegen Hemmnisse aller Art zu arbeiten bereit ist? Rollo May sagt hierüber:

» Beide, Liebe und Wille, sind Formen der Erfahrung, die auf eine Bindung gerichtet sind. Beide kennzeichnen einen Menschen, der sich einem anderen zuneigt, sich zu ihm hinbewegt, danach trachtet, in ihm ein Gefühl zu erzeugen, und sich öffnet, damit auch der andere in ihm ein Gefühl erwecken kann. Beide, Liebe und Wille, sind Weisen des Gestaltens, des Formens, des Sich-Beziehens auf die Welt und der Bemühung, auf dem Weg über Menschen, nach deren Interesse oder Liebe wir trachten, eine Antwort von der Welt zu bekommen. Liebe und Wille sind zwischenmenschliche Erfahrungen, aus denen die Macht erwächst, andere Menschen zu beeinflussen und durch sie beeinflusst zu werden (May 1970, S. 252). «

Sieht man die Zugehörigkeit von Gefühl, Wille und Erkennen zum Liebesphänomen, werden auch andere Aspekte dieser Erlebnissphäre begreiflich. So hebt Ortega y Gasset in seinen *Meditationen über die Liebe* hervor, dass die Liebe vor allem ein Phänomen der Aufmerksamkeit sei: Wenn wir lieben, ist unsere Aufmerksamkeit in hohem Maße von der geliebten Person in Anspruch genommen. Man empfindet eine kontinuierliche Hinwendung zu ihr.

Der Phänomenologe Alexander Pfänder sprach davon, dass das Sein des Liebenden gleichsam ständig ausfließt in Richtung auf den Geliebten. Ortega y Gasset bezeichnet die Liebe als einen Gefühlsakt, an dem in erster Linie »eine warme, ja sagende Teilnahme an einem anderen Sein um seiner selbst willen« festgestellt werden kann. Gedanken und Gefühle zielen im positiven Sinne auf das Geliebte; sogar der Körper richtet sich ständig darauf aus.

Ein hübsches Beispiel hierfür gibt Theodor Fontane in seinem Roman *L'Adultera*. Er schildert darin eine Ehe, in der die Frau infolge der Plumpheit des Mannes unbefriedigt dahinlebt. Nun wird ein junger Mann als Gast des Hauses aufgenommen, in den sich Melanie zu verlieben beginnt. Eines der ersten unmerklichen Zeichen der Verliebtheit hat Fontane zart angedeutet. Sowohl der Gatte als auch der spätere Geliebte besuchen Melanie draußen im Freien:

» Und nun erst wurde man ihrer ansichtig, und Melanie sprang auf und warf ihrem Gatten, wie zur Begrüßung, einen der großen Bälle zu. Aber

4

sie hatte nicht richtig gezielt, der Ball ging seitwärts, und Rubehn fing ihn auf. Im nächsten Augenblick begrüßte man sich, und die junge Frau sagte: »Sie sind sehr geschickt. Sie wissen den Ball im Fluge zu fassen.« »Ich wollt', es wäre das Glück.« »Vielleicht ist es das Glück.« (Fontane 2002, S. 55). «

Mit diesen Worten verständigen sich die zum Ehebruch bereits geneigte Melanie und der junge Rubehn in einer Sprache, die aus dem Unbewussten kommt und das Unbewusste des Lesers anzusprechen vermag. So deutet sich der erste Anflug von Liebe im Werfen und Fangen eines Balles an. Thomas Mann hat in *Der Zauberberg* ein ähnliches Aperçu eingefügt. Der Romanheld Hans Castorp erbittet von seiner späteren Geliebten Madame Chauchat einen Bleistift; man muss in diesem Stift nicht unbedingt ein Penissymbol sehen, aber er ist immerhin eine Gabe, die auf die spätere Hingabe verweist.

Hier wird noch eine weitere psychische Funktion deutlich, die zum Lieben gehört: die Einbildungskraft oder die Phantasie. Wer liebt, bereichert die faktische Welt durch symbolische Beziehungen. Sie wird für ihn schöner, heller und weiträumiger, als dies im lieblosen Zustand der Fall ist. Vielleicht entsteht Welt überhaupt erst durch Liebenkönnen, und wo die Liebe versiegt, befindet sich das betroffene Individuum in einem weltlosen Zustand, den wir in der Sprache der Psychopathologie Autismus nennen.

Ludwig Binswanger hat in seinem Buch *Grundformen und Erkenntnis menschlichen Daseins* (1942) eindrückliche Äußerungen von Dichtern zusammengestellt, in denen die weltschaffende Kraft der liebenden Imagination vortrefflich dokumentiert wird. So gibt er aus den Sonetten der Elisabeth Barrett-Browning den Vers wieder:

>> Die Namen: Heimat, Himmel schwanden fern, nur wo du bist, entsteht ein Ort (Barrett-Browning 1850, zit. nach Rilke 1997, S. 985). «

Nach Binswangers Meinung schafft die Liebe erst für den Liebenden Raum, Zeit und Welt; wo diese Zuwendung zum Du und zur Mitmenschlichkeit erlischt, zerfallen Räumlichkeit, Zeitlichkeit und In-der-Welt-Sein. Wir haben es dann mit einem phantasielosen Leben zu tun, das eventuell extreme Formen der Verkümmerung aufweist.

4.3 Charakterologie der Liebe

Man ist geneigt, die Liebe zwischen Mann und Frau als das eigentliche Liebesphänomen aufzufassen. Dagegen ist nichts einzuwenden, aber man darf nicht vergessen, dass es daneben noch weitere Formen der Liebe gibt, die man aus einer Gesamtdarstellung der Liebesfähigkeit nicht ausklammern darf. So spricht man auch von Nächstenliebe, Mutterliebe, Elternliebe, Kindesliebe, Selbstliebe, Liebe zur Menschheit, Gottesliebe usw.

Liebe ist nicht nur ein kurzfristiges Zusammenspiel von Denken, Fühlen, Wollen, Aufmerksamkeit und Einbildungskraft; sie ist eine kontinuierliche Wesensbeschaffenheit, ein psychisches Gebilde, zusammengesetzt aus Haltungen, Einstellungen und Dauermotivationen. Wer liebesfähige Menschen studiert, wird mit der Zeit die Struktur ihrer Wesens- und Charaktereigenschaften erkennen. Der liebesfähige und der liebesunfähige Mensch unterscheiden sich in tiefgreifenden Charaktermerkmalen, also in fundamentalen Beschaffenheiten ihrer Persönlichkeit.

Struktur heißt, dass im Seelenleben alle Teile unter sich und auch Teile und Ganzes aufeinander zu beziehen sind. Die Elemente einer Struktur sind vom selben Motiv, Stil oder Ganzheitsprinzip durchflossen. Bei der Struktur der Liebesfähigkeit ergibt die geduldige Beobachtung eine Fülle von Charaktereigentümlichkeiten, die einander wechselseitig fundieren: Wohlwollen, Offenheit, Freude und Befriedigung in der Arbeit, Geduld, Lebensmut, Selbstachtung,

Anteilnahme an anderen Menschen, Zuversicht, Aufgeschlossenheit, relative Angstfreiheit, Kommunikationsbereitschaft, affektive und emotionale Stabilität, ein harmonisches Verhältnis zum eigenen Körper, Kontaktfreude, Solidarität, ansprechende Umgangsformen, Lebensglaube und Hoffnung.

Bei liebesunfähigen Menschen fallen Eigenschaftskomplexe auf wie Angst, Misstrauen, Herrschsucht, Minderwertigkeitsgefühle, Egozentrizität, Negativismus, Verschlossenheit, Geiz, Neid, Eifersucht, Hass, Trauer, gestörte Körperbeziehung, Unsicherheit, geringe Toleranz und schwaches Einfühlungsvermögen, mangelnde Umgänglichkeit, Affektbereitschaft, Distanziertheit, Launen und emotionale Kälte.

Daran ist zu erkennen, dass Liebe nicht nur davon abhängt, ob der oder die Richtige gefunden werden; sind die charakterlichen Dispositionen nicht entwickelt und entfaltet worden, wird eine Liebesbeziehung nicht gelingen, selbst dann nicht, wenn der Zufall dem sehnsüchtig Harrenden oder Suchenden einen Engel ins Haus führt.

Die tiefenpsychologische Forschung hat sich gründlich mit der Entstehung von Charakterzügen auf Grund spezifischer Kindheits- und Erziehungsbedingungen befasst. Ihre Erkenntnisse sollten uns eine wichtige Hilfe im Verständnis liebesfähiger und liebesunfähiger Menschen sein. Der Charakter wird hierbei interpretiert als Reaktionsbildung des Kindes auf seine biologische, familiäre, psychische, soziale und kulturelle Situation; es kommt aber hierbei auch ein schöpferischer Faktor mit ins Spiel.

Charakterbildung erfordert im Sinne der Psychoanalyse ein Absolvieren verschiedener Reifungsphasen, die als Phasen der Libidoentwicklung beschrieben werden. Orale, anale und phallische Stufe der Libidoorganisation sind gewissermaßen verschiedene Stufen des Welterlebens, der Liebesfähigkeit und des Differenziertheitsgrades der Person.

Wird ein Kind durch Lebensangst, ungutes Milieu und Frustrationen aller Art auf präge-nitale Stadien der Libido fixiert, kommt es zu verminderter Realitätszuwendung, gestörter sozialer Verbundenheit und deutlich verringerter menschlicher Reife. Reifsein, Arbeits-, Liebes- und Kulturfähigkeit eignen im Wesentlichen der genitalen Stufe der Libidoentfaltung, die durch günstige Bewältigung des Ödipuskomplexes gekennzeichnet ist.

Menschen mit dieser vollgültigen Entwicklung wagen es, durch realitätsgerechte Identifikation mit ihren Eltern aus der Kindheit herauszustreben und erwachsen zu werden. Als schönstes Resultat ihrer desexualisierten Familienbeziehungen stellt sich eine weitläufige Kontakt- und Beziehungsfähigkeit ein, welche der Liebe und der Kulturarbeit zugute kommt.

> **Wer in der Kindheit und Jugend lieben lernt, hat leben gelernt.**

Alle psychopathologischen Entwicklungen zeigen Individuen mit infantilen Charakterstrukturen, die man mit einiger Phantasie als oral, anal und phallisch einordnen kann. Dies ist ein möglicher Schlüssel zum Verständnis von Charakteranomalien, Neurosen, Süchtigkeit und teilweise auch Delinquenz.

Man muss immer auf die Erziehung zurückverweisen, wenn man die Störungen der Liebesfähigkeit begreiflich machen will. Wer etwa unter dem Einfluss von verwöhnender Erziehung heranwuchs, wird Liebe zumeist als Verwöhnt-werden-Wollen missverstehen. Er misst dann seinen Partner daran, ob dieser ihn so verhätschelt, wie dies die Mutter getan hat. Regungen von Eigenständigkeit und persönliche Ansprüche werden beim Liebespartner als Egoismus gedeutet, indes man sich selbst Anspruchshaltungen und zügellose Selbstherrlichkeit sehr tolerant durchgehen lässt.

Auch lieblos erzogene Menschen können sich nur schwer in die Realität einer Liebesbeziehung einfinden. Da sie in kalter und herzloser Atmosphäre aufwachsen, sind sie misstrauisch, überempfindlich, übelnehmend, reizbar und latent oder manifest aggressiv. Sie projizieren das Unglück ihrer Vergangenheit in ihre Gegenwart, die auch bei günstigen Bedingungen mit der Zeit via Wahrnehmungsverfälschung arg verdüstert werden kann. Endlich kommt es dann zu einer selbsterfüllenden Prophezeiung:

> Wer beim Partner immer Lieblosigkeit vermutet, benimmt sich so unfreundlich, dass dieser sich zuletzt tatsächlich lieblos verhält.

Nun ist der gefürchtete Zustand wirklich eingetreten, und der Betroffene weiß nicht, dass er an dieser Entwicklung maßgeblich beteiligt ist. Heraklit sagte dementsprechend bereits in der Antike:

» Der Charakter des Menschen ist sein Dämon und sein Schicksal! «

Wer als Kind nicht ausreichend zur Liebe erzogen wurde, kann dies durch Selbsterziehung oder durch psychotherapeutische Nacherziehung korrigieren. Er wird hierbei womöglich harte Arbeit leisten müssen, die sich aber gewiss auch lohnt; es erfordert allerdings schmerzliche Prozesse der Selbsterkenntnis.

Erich Fromm hat in seinem Buch *Die Kunst des Liebens* (1956) die Auffassung vertreten, dass Liebe für niemanden ein Geschenk des Himmels sei, sondern stets eine aktive Leistung des Menschen darstellt. Liebe ist eine Antwort auf die Fragen des Lebens, und zwar eine sehr gute Antwort.

Das Individuum nimmt hierbei mit der ganzen Kraft seiner Persönlichkeit Stellung zum Problem des Isoliertseins sowie der triebhaften und seelischen Bedürfnisse und findet eine Lösung, welche das Einssein mit einem Du, aber auch die Verbindung mit den anderen Menschen ermöglicht, ohne die eigene Individualität preiszugeben. Liebe ist Treue zu sich selbst und gleichwohl größtmögliche Hingabe:

» In der Liebe kommt es zu dem Paradoxon, dass zwei Wesen eins werden und trotzdem zwei bleiben. (Fromm 1989, S. 452) «

Der Gesichtspunkt, dass Liebe eine Aktivität und vorzüglich ein Geben und Nehmen ist, verdient genauere Beachtung. Der wahrhaft Liebende gibt nach Fromm nicht allein materielle Dinge, sondern Freude, Interesse, Verständnis, Wissen und Humor. Und dadurch, dass er von seinem Leben reichlich spendet, bereichert er den anderen und steigert dessen Lebensgefühl in der Entfaltung der eigenen Lebensstimmung.

Meistens entwickelt sich aus echter Hingabe beim Empfangenden eine Gebefreudigkeit, die auf den primär Gebenden zurückwirkt. So stimuliert eine Lebendigkeit die andere; ein Gefühl erweckt das Gegengefühl, wobei man kaum ermitteln kann, wann dieser Prozess einsetzt und wann er fortgesetzt wird. Es handelt sich um einen Zirkel, den man gewiss nicht vitiös nennen wird.

Fromm beobachtete in der Liebe die vier charakterlichen Grundtendenzen von Fürsorge, Verantwortlichkeit, Respekt und Wissen. Er wies darauf hin, dass Leidenschaft allein bodenlos ist, es sei denn, sie ist in den genannten Merkmalen seelischer Reife verankert. Die Charakterstruktur, die allein Liebesfähigkeit im eigentlichen Sinne des Wortes bedeutet, nannte er den genital-produktiven Charakter.

Das ist genau der Charaktertyp, den Alfred Adler als den Menschen mit entfaltetem Sozialinteresse bzw. mit echter und differenzierter mitmenschlicher Verbundenheit beschrieben hat. Zwar liege in jedem Menschen eine Disposition zum Gemeinschaftsgefühl und zu sozialer Ansprechbarkeit. Diese Disposition muss aber durch zahllose Lernprozesse im sozialen und kulturellen Bereich gefestigt und vertieft werden. Lieben können nur jene, die frühzeitig gelernt haben mitzudenken, mitzufühlen, kooperativ zu handeln und solidarisch zu leben.

Nach dieser Auffassung wird Liebe bereits im Kindesalter geübt. Das zeigt sich bei guter Pflege, emotionaler Betreuung und ermutigendem Umgang im Lebensmut des Kindes, in seinem Wachsen- und Werdenwollen. Kinder, die gut essen und schlafen, sich für ihre Umwelt interessieren, sprechen lernen und ihre Eltern nachzuahmen versuchen, haben die ersten Ansätze zum Sozialempfinden erworben.

In dieser Richtung liegen auch Spielen- und Lernenkönnen, gute Manieren, Offenheit, Eifer und Aufmerksamkeit für die kleinen Pflichten und Beitragsleistungen, die es schon in der Kindheit gibt und auch geben soll. Andererseits stellen wir ein ernstes Defizit im Liebespensum bei jenen Kindern fest, die soziale und psychische Ausfallserscheinungen dokumentieren wie Stottern, Bettnässen, Daumenlutschen, nächtliche Angst, Lügen, Stehlen, Faulheit, Aggressionen, Nägelbeißen und Absonderungstendenzen.

Das wohlerzogene Kind, das nicht mit dem Musterkind und dem Produkt einer Dressur verwechselt werden darf, lernt frühzeitig, im großen Spiel des Lebens mitzuspielen. Daher wird es meistens auch in der Schule erfolgreich sein, Freundschaften mit dem eigenen und dem anderen Geschlecht beginnen, einen ihm angemessenen Beruf ergreifen und auch sonst die Erfordernisse des sozialen Lebens im Auge behalten. Aus der gut geförderten Kooperationsfähigkeit erwachsen später die Kraft und die Fähigkeit zum Lieben.

> ❯ Damit sollte klargeworden sein, dass Liebe eine soziale Aufgabe ist. Hat man diese ergriffen, kann man nicht bei einem Du allein haltmachen, sondern wird auch die übrige Menschheit, Tiere, Pflanzen und die Dingwelt im Maße seiner Einfühlungsgabe einzubeziehen versuchen. Man kennt großherzige und humane Charaktere, die ihr Herz für die gesamte Natur und Menschenwelt zu öffnen vermochten.

4.4 Zerrformen der Liebe

An unseren obigen Darlegungen kann mit einiger Überzeugungskraft der Unterschied zwischen wahrer und falscher Liebe demonstriert werden. Bekanntlich gibt es in diesem Bereich viel mehr Surrogate und Falsifikate als echtes Gefühl; es ist nur für die meisten Menschen sehr schwer, Echtheit und Unechtheit voneinander zu trennen.

Falsche Mutterliebe So wird allgemein angenommen, dass Mütter ihre Kinder lieben. Gewiss wird dies oft der Fall sein, aber so manche Mutterliebe lässt uns nachdenklich werden. Wie sollen wir es einschätzen, wenn eine Mutter z. B. ihr Kind daran hindert, expansiv zu werden, andere Menschen kennen zu lernen und zu mögen? Die Betreffende wird sagen, dass sie ihr Kind an sich halte, weil sie es so sehr liebe (oder andere Rationalisierungen verwenden).

Eine genauere Beobachtung zeigt jedoch, dass die Mutter einen allzu engen Kontakt mit ihrem Kind aufbaut, weil sie unter Lebensangst leidet und besitzergreifend ist. Sie kettet aus Anklammerungstendenz ihr Kind an sich und will es nicht loslassen. So stört sie dessen Entwicklungsfähigkeit und drosselt das Werden seiner Person. Das ist das Gegenteil von Liebe respektive eine ihrer dürftigen Zerrformen.

Krankhafte Eifersucht Eifersüchtige Menschen behaupten von sich, dass sie ihren Partner über alle Maßen lieben; nur darum kontrollieren sie seine Bewegungen, seine Mimik und Gestik wie sein gesamtes Verhalten. Sie fordern Rechenschaft für eine verspätete Heimkehr, machen Szenen, weinen und klagen an, fordern und stellen Bedingungen, die in offenen oder geheimen Terror ausarten. Der Partner des Eifersüchtigen fühlt sich als Opfer von Launen, Herrschsucht, irrationaler Angst und permanentem Misstrauen. Besonders der letztgenannte Charakter-

4

zug ist beim Eifersüchtigen dominant; gelegentlich trägt er Züge von Paranoia.

So zeigt sich, dass der Eifersüchtige gar nicht an die Liebe glaubt. Er kann besser streiten als lieben, und damit macht er sich selbst und sein Gegenüber unglücklich. Was sich hier Liebe nennt, ist ein verzweifeltes Bemühen um Nähe und Zuwendung, an die man als Liebespessimist ohnehin nicht glauben kann. Daher der Kontrollzwang, der von der eigenen Liebesunfähigkeit ablenken soll.

Zwang und Erpressung Ebenfalls liebesunfähig ist derjenige, der eine Partnerschaft zu erzwingen sucht, indem er fortwährend droht, sich das Leben zu nehmen, wenn man ihn abweist. Das naive Gemüt des umworbenen Partners geht auf diese Repressalie womöglich ein. Doch sind diese angeblich leidenschaftlichen Liebhaber meist unerträgliche Lebensgefährten; sie entpuppen sich als herrschsüchtig, nachtragend, lieblos, überempfindlich und Ich-haft.

Das kann nicht überraschen, denn schon bei ihrer Liebeswerbung haben sie eine Art von Gewalt ausgeübt. Liebe ohne Freigabe des Du, selbst wenn dessen Entscheid gegen den Liebenden ausfällt, zeigt Machtwillen und Hoffnungslosigkeit. Der Hoffnungsvolle nämlich ist nicht darauf angewiesen, nur diesen einen Partner zu gewinnen.

Ungünstige Partnerwahl Wenn junge Menschen einen bestimmten Partner wählen, stoßen sie dabei nicht selten auf hartnäckige Opposition ihrer Eltern, die eventuell sogar diese oder jene Missheirat verbieten wollen. Es ist im Einzelfall zu überprüfen, welche Argumente die Eltern gegen eine bestimmte Partnerwahl vorbringen; sie sind nicht immer im Unrecht, wenn sie ihre Vorsicht und ihre Lebenserfahrung in die Waagschale werfen.

Mitunter ist es aber offenkundig, dass Vorurteil, Standesdünkel und besitzergreifende Haltung gegenüber dem Kind der Ursprung jener unerquicklichen Streitigkeiten sind, in denen einem jungen Menschen seine Wahl ausgeredet und eine Vernunftwahl aufgezwungen werden soll.

Im Übrigen ist die Liebeswahl der Menschen, auch wenn niemand interveniert, problematisch genug. Sie ist oft motiviert von Einsamkeit, sexueller Not, oberflächlicher Charaktereinschätzung und tausend anderen fragwürdigen Faktoren.

Auch die eigene Charakterpathologie kann schlimme Streiche spielen. So jubelt etwa ein Masochist, wenn er nach langem, frustrierendem Herumsuchen endlich seine Sadistin gefunden hat (und umgekehrt). Alle Gefühle und Affekte sind aufgewühlt, weil man endlich ein Du hat, das scheinbar die richtige Wesensergänzung bietet.

In einem solchen Fall können sich das Zusammensein und Zusammenleben als schwierig erweisen, weil pathologische Charaktere zu einer schönen und gleichmäßigen Beziehung nicht taugen. Es ergibt sich ein sadomasochistisches Tauziehen, wobei beide Seelen am Ende eines dünnen Seils zu hängen scheinen und die Beteiligten ihre Freude daran haben, am Gemüt des anderen zu zupfen und zu reißen, bis dieser wirklich oder beinahe seelisch zusammenbricht. Man versucht, das sich gegenseitig zugefügte Leid mit kurzfristigen Versöhnungen zu übertünchen, aber die Dissonanzen sind stärker als die Konsonanz.

Auch Casanova und Don Juan (sowie deren weibliche Gegenstücke) sind Falschspieler in der Liebe. Ihnen geht es lediglich darum, einen anderen Menschen zu erobern, um das eigene labile Selbstwertgefühl zu stützen. Von Gefühlsaustausch und Liebe, von Dauer und gegenseitiger Förderung, von Zuneigung und sich entfaltender Achtung kann dabei sicher nicht die Rede sein. Beide Charaktertypen sind patriarchalische Erscheinungen, Figuren im Kampf der Geschlechter, der durch eine sinnenfeindliche Moral und durch die Geringschätzung des weiblichen Geschlechts in der männlichen Kultur etabliert wurde.

Liebe und Politik Zuletzt noch ein Wort zum Thema Liebe und Politik. Politiker behaupten oft von sich, dass sie von Vaterlandsliebe oder gar Menschenliebe beseelt seien und nur das Wohl der Gesamtheit im Auge haben. Da sie meist gute und geübte Redner sind, machen sie dieses Motiv in allen Varianten ihren Zuhörern glaubhaft. So bekommen sie die notwendige Stimmenmehrheit und damit die Insignien der Macht.

Wie oft die dann missbraucht wird, muss den Zeitgenossen des letzten Jahrhunderts kaum noch gesagt werden. Eduard Spranger scheint nicht Unrecht zu haben, wenn er in seinem Buch *Lebensformen* (1921) das Politische wesensmäßig als Machtwille definiert und eindeutig von Liebe, Wahrheit, Gemeinnutzen und Schönheit abhebt.

Man möge sich daran erinnern, wie geschickt etwa Hitler seine Liebe zum deutschen Volk und zur germanischen Rasse zu beteuern verstand! Schon bei seinem Putsch im Jahre 1923 betonte er vor Gericht, die Vaterlandsliebe sei der Ursprung seiner Revolte. Die konservativen Richter glaubten ihm seine Slogans und verurteilten ihn zu einer milden Kerkerstrafe, die er unter sehr erträglichen Bedingungen absitzen durfte. Auch später wurde die Liebe des Führers zu seinen Volksgenossen in der NS-Propaganda plausibel gemacht.

Zur Zeit der Machtausweitung des Dritten Reiches werden viele Deutsche diese Lüge geglaubt haben. Sie sahen nicht, dass der dominierende Charakterzug des Demagogen Hass war, und dass er, der seine eigene Inferiorität gut verdrängte, Opfer von Eitelkeit, wahnsinnigem Ehrgeiz, Vorurteilen und Fanatismus war – alles Wesenszüge, die mit Liebe absolut unvereinbar sind.

Hat der schlaue und halb verrückte Diktator überhaupt je einen Menschen, geschweige denn sein Volk, geliebt? Spätestens nach Stalingrad war zu erkennen, dass der Krieg nicht zu gewinnen war. Gleichwohl wurde er weitergeführt und

kostete Millionen Menschen das Leben. Jeder Monat, welchen der Krieg früher beendet worden wäre, hätte unzählige Menschen gerettet. Aber den Führer, seine Generäle und leitenden Beamten interessierte das nicht – ihnen waren diejenigen vollkommen gleichgültig, die sie doch angeblich so sehr liebten.

Hätte man mehr politische Menschenkenntnis gehabt, würde man gewusst haben, dass ein Hassender, ein Gewaltanbeter und Verkünder von blutrünstigen Vorurteilen immer ein Zerstörer und kein Liebender ist. Liebe ist gütig, zart und tolerant. Das Geschick der Völker sollte in die Hand von Liebenden, Großherzigen und Wissenden mit weltumspannenden Einsichten gelegt werden.

4.5 Liebe, Selbstliebe und Leiblichkeit

Die Ursachen der erörterten Zerrformen des Liebens liegen nicht nur in der Unfähigkeit, ein Objekt in seiner Freiheit und Unabhängigkeit zu bejahen, sondern auch in mangelnder Selbstliebe, die bei der dominanten Mutter, beim Eifersüchtigen, bei Sadomasochisten aller Spielarten und auch bei Diktatoren gewissermaßen mit Händen zu greifen ist.

Die Tiefenpsychologie postuliert mit Recht, dass Selbstliebe und Fremdliebe immer parallel laufen. Auch Selbsthass und Fremdhass (in Form von Herrschsucht und Intoleranz) sind siamesische Zwillinge, die man nicht voneinander trennen kann.

> **Menschen lernen daher Liebesfähigkeit, wenn man sie lehrt, sich selbst zu akzeptieren. Wer sich selbst verneint, wird nie echte Zuneigung zu anderen aufbringen können.**
>
> **Man kann es nicht oft genug wiederholen: Selbstliebe und Selbstbejahung müssen sich auf alle Gegebenheiten**

unseres Seins erstrecken, ansonsten wird man vergeblich nach der Liebe des Menschen zum Menschen rufen.

Wer zum Beispiel seine Sexualität unterdrücken will, wird bei dieser nahezu unlösbaren Aufgabe immer wieder Niederlagen erleiden, die ihn frustrieren und seinen Selbsthass hervorbrechen lassen. Wer nicht seine körperliche Erscheinung, seine Beschaffenheit, seien es auch Mängel und Untugenden, zunächst einmal liebevoll akzeptiert, wird allein schon aus Unzufriedenheit mit sich ein relativ schwieriger Partner und Mitmensch sein.

Minderwertigkeitsgefühle und das resultierende Geltungsstreben trennen zwangsläufig die Liebenden voneinander. Ein mit sich selbst in Frieden lebender Charakter ist ein besserer Liebhaber als ein permanenter Selbstkritiker. Aristoteles sagte in seiner *Nikomachischen Ethik*, dass jemand, der sich selbst liebt, gerne bei sich verweilt. Er flüchtet nicht vor sich, und gerade das befähigt ihn, auch beim Du zu verweilen. Wer nicht bei und in sich selbst zu Hause ist, kann auch beim anderen keine Heimat finden.

Die Liebe zum Mitmenschen, zum eigenen Selbst, zum Leib und zur Welt als Ganzem ist offenbar ein einheitliches Phänomen, eine Totalität des Lebens und Erlebens. Man kann irgendeinen dieser vier Faktoren herausgreifen, um das Lieben und Bejahen zu erlernen; es wird sich stets auf alles Übrige auswirken, da alles mit allem zusammenhängt.

Um dem Jahrtausende alten Prinzip der Verdrängungsmoral entgegenzuarbeiten, wollen wir an dieser Stelle hauptsächlich die Bedeutung der Leiblichkeit im Rahmen des Liebesgeschehens würdigen. In früheren Epochen beschrieben Romane die Liebe meist als Vereinigung der Seelen, heute beschreiben viele Autoren sie als eilige Vereinigung von Körpern mit geringer seelischer Beteiligung. Beiderlei ist einseitig und wird dem eigentlichen Liebesgeschehen nicht gerecht.

Denn dieses erfordert die Kommunikation zwischen leib-seelischen Personen.

- Welche Rolle spielt die Annäherung und das Verschmelzen der Leiber in der Liebe?
- Warum hat Sexualität einen so hohen Stellenwert beim Lieben?
- Was kann man aus dem Wesen der zärtlichen und sexuellen Hingabe über die Liebeswirklichkeit erfahren?

Immanuel Kant sagte in seiner schwerblütigen Art ein wenig abfällig: »Die Ehe ist ein Vertrag zum wechselseitigen und ausschließlichen Gebrauch der Geschlechtsorgane zwischen Mann und Weib.« Schopenhauer, welcher dem Unbewussten in allen Lebenssphären den höchsten Rang einräumen wollte, meinte, dass die Liebenden bei ihrer Wahl einander sorgfältig prüfend anschauen, weil ihr Wille (und Unbewusstes) von der Frage bewegt werde, ob sie miteinander ein passendes Kind zeugen könnten. Beide Auffassungen sind wohl überholt. Bei genauerer Betrachtung steckt jedoch in beiden Thesen ein Kern, der eine sachliche Überlegung sehr wohl verdient.

- Warum ist die Sexualität bei den Menschen so außerordentlich beliebt?
- Weshalb nimmt sie im Leben aller einen so unvergleichlich großen Raum ein?

Unserer Meinung nach liegt der Grund darin, dass sie dem selbstentfremdeten und zerstreuten Menschen die einzigartige Chance bietet, sich zu sammeln und in seinen Leib zurückzukehren.

Das ist vermutlich der wahre Sinn der Prüfung, die Liebende einander zumuten, wenn sie sich gegenseitig tief in die Augen schauen und sich in mancher Hinsicht gründlich beurteilen. Die Frage, die ihnen unverstanden und unbewusst auf den Lippen liegt, ist nicht die nach dem Kind, sondern eine andere:

- Bist du der Mensch, der meine Selbstentfaltung unterstützen kann?

■■ Bist du in der Lage, meinen Leib und damit mein tieferes Selbst zum Erblühen zu bringen?

■■ Kannst du mich aus meiner inneren Einsamkeit und Isolierung erlösen?

Tatkräftige Solidarität im Zusammenleben, zärtliches Beisammensein mit Worten, Gesten und Liebkosungen, Umarmungen und schließlich auch der Koitus selbst sind Versuche einer vollständigen Vereinigung zweier Menschen, aus welcher das Ich der beiden Beteiligten heiterer, vitaler und jugendlicher zu sich selbst zurückkehren kann. Man hat nicht zu Unrecht den Orgasmus der Liebenden einen kleinen Tod genannt, aus dem man durch Wiedergeburt verjüngt hervorgeht.

Die Kommunikation der Körper im Liebesakt ist eine wichtige Unterstützung der Kommunikation der Seelen im Alltagsleben. Die Verständigung im Seelischen erleichtert die Hingabe im Leiblichen und umgekehrt. Daher soll man bei liebesgestörten Menschen die Sexualität in die Untersuchung einbeziehen; in ihr zeigt sich oft das psychische Gesamtproblem in eigenartiger Verdichtung.

Wo soll der Mensch wohnen, wenn nicht zuerst und vor allem im eigenen Leibe? Vom neuplatonischen Philosophen Plotin (3. Jh. n. Chr.) berichtet einer seiner Biographen, er sei einer gewesen, der sich schämte, im Leibe zu wohnen. Genau das Gegenteil ist erstrebenswert. Wer dem Menschen durch Scham, Ekel, Angst, Sünden- und Schuldbegriff den Leib entfremdet, schädigt ihn an der Wurzel seines Wesens. Die Kant'sche Formel heißt also in unserem Sinne:

❯ Die Liebe ist eine Beziehung zweier Menschen, die sich darauf einstellen, durch physische und psychische Annäherung bis zur oft wiederholten restlosen Einswerdung ein Gefühl für die eigene Kontinuität und Selbstwerdung zu bekommen.

In diesem Gedankengang ist die Überlegung mit enthalten, dass die Bemühung um Treue und Lebenslänglichkeit zum Wesen der Liebe gehört.

Glück in der Liebe heißt demnach, einen Menschen suchen und finden, der dazu bereit ist, uns die langwierige und mühsame Hilfeleistung zu geben, die wir brauchen, um in uns selbst, in unserem Leib und in unserer Welt zur Ruhe und zur Entwicklung zu kommen. Am ehesten gewinnen wir das Du zu einer solchen Bereitschaft, wenn auch wir ihm diese Hilfe durch Liebe und Geduld zuteilwerden lassen. Wer das nicht kann, muss eventuell auf dem Wege oder Umwege der Psychotherapie die Kunst des Liebens lernen. Er wird hierbei sich selbst entdecken, seinen Leib wahrnehmen und die Realität der Mitwelt erahnen, in die hinein sein Personwerden stattfindet.

4.6 Liebe und Psychotherapie

In der psychotherapeutischen Praxis sollte man möglichst genau beurteilen, wie viel Liebesfähigkeit ein Patient hat und wo seine diesbezüglichen Grenzen liegen. Diese Einschätzung ist eine Kunst, die nur in jahrelanger gewissenhafter Ausübung des seelenärztlichen Berufs erlernt werden kann. Reife und Menschlichkeit des Therapeuten werden hier auf die Probe gestellt. Jedes Manko in seiner Charakterstruktur und seiner Berufskenntnis wirkt sich als Handikap der Diagnose und Therapie aus.

Man misst nämlich die Liebesfähigkeit eines Menschen gleichsam mit der eigenen Liebesfähigkeit (Sensibilität, Werterfahrung und Vernunft), wie man auch den Gefühlsreichtum eines Menschen nur mit dem eigenen Differenziertheitsgrad des Fühlens wahrnimmt. Man ersieht hieraus, wie wichtig die langwierige und sorgfältige Ausbildung des Psychotherapeuten ist.

Dieser muss in seiner eigenen Charakter- und Lehranalyse die Engen und Einseitigkeiten seiner individuellen Persönlichkeitsstruktur ins Auge fassen lernen, damit er später lebenslang an

4

ihnen arbeiten kann. Nur aus dem tiefen Wissen um die eigene Unzulänglichkeit kann man sich im Laufe der Zeit zu einem feinen Instrument der psychologischen Beurteilung machen, das fast automatisch auf Vorzüge und Defizite des Gegenübers reagiert und ihm aus den Engpässen seiner Entwicklung heraushelfen kann. An der Reife des Therapeuten wächst der Patient zum Selbstsein heran.

In der Psychotherapie wird bekanntlich die Lebensgeschichte des Patienten durchleuchtet und zum Indikator seiner Beziehungs- und Kontaktfähigkeit gemacht. Der Beziehungsunfähige hat einen anderen Lebenslauf als derjenige, der an seinen Mitmenschen und an der Kultur interessiert ist. Hier ist also Lebens- und Kulturerfahrung nötig, um biographische Aspekte auf das Maß ihres Beziehungsgehalts zu prüfen.

Aber nicht nur lebensgeschichtliche Fakten belehren den Therapeuten über die Liebesfähigkeit seines Analysanden. Die wertvollste Belehrung empfängt er diesbezüglich im Übertragungsgeschehen. Sowohl der Patient als auch der Seelenarzt reagieren stark gefühlsmäßig aufeinander, wobei Beziehungsmodelle aus der eigenen Vergangenheit die Wahrnehmung des Gegenübers verfälschen können. Die Kooperation der beiden Charaktere verlangt gegenseitige Toleranz.

Therapie ist nicht nur ein technisch-rationales Miteinanderreden, sondern ein existentielles Verhältnis, in dem sich die Dialogpartner entwickeln müssen, um den anderen begreifen zu können. Nur so kommt es zu jener Zwiesprache von Existenz zu Existenz, die heilend wirkt. Kann der Therapeut nicht liebend und verstehend in die Beziehung zum Patienten einsteigen, wird er ihm keine aufwühlende und fördernde Erfahrung vermitteln. Leicht entartet die therapeutische Kommunikation dann in ein wirkungsloses Gerede.

Die Psychotherapie gerät unweigerlich in den Bereich der Ethik, da es sich in ihr nicht darum handelt, einem Menschen etwas zu suggerieren, sondern ihm so viel Achtung, Respekt und Liebe entgegenzubringen, dass er den Mut zum Selbstsein bekommt. Durch die Maskierung neurotischer Fehlhaltungen hindurch muss der Therapeut die wahre Wesensstruktur und die Entfaltungsmöglichkeiten seines Analysanden erkennen. Er soll dazu bereit sein, alles einzusetzen, was er an beruflichem und menschlichem Format besitzt, damit dieses Mögliche am Patienten wirklich werden kann.

Dazu bedarf er unter anderem des liebenden Blicks, den Nicolai Hartmann in seiner *Ethik* (1926) als jene Beziehungsmodalität preist, in der wir nicht nur den Ist-Bestand eines Menschen einschätzen, sondern auch seine Werdensmöglichkeiten freilegen. Es heißt im Text des Philosophen:

» Persönliche Liebe entdeckt in der empirischen Persönlichkeit die ideale. Wie sie im Hinstreben und Hinleiten auf das ideale Ethos des Geliebten dieses erst verwirklicht und in den Grenzen ihrer Kraft gleichsam erschafft, so muss sie eben dazu jenes sein Ethos erst erfasst haben, und zwar erfasst im Gegensatz zur gegebenen empirischen Person. Die Antizipation des Idealen geht, hier wie überall, der Realisation voraus. Das schöpferische Werk der Liebe folgt dem Erkennen in ihr erst nach. Alle Erfüllung und alles Hochgefühl der Erfüllung beruht schon auf der durchdringenden Erkenntniskraft des liebenden Blicks (Hartmann 1926, S. 543). «

Psychotherapie hat immer mit Menschen zu tun, die in ihrem inneren und äußeren Werdegang nicht liebevoll gesehen und erkannt wurden. Daher irren diese Menschen im Leben umher; ihr Selbstbildnis ist falsch, wie auch ihr Fremdbildnis irreführend ist.

Nun soll in der therapeutischen Behandlung der Analysand erfahren, wer er wirklich ist und was er noch werden kann. Es ist schwer zu beschreiben, welche wohltuende und befreiende Wirkung davon ausgeht, dass man zumindest von einem Menschen nicht verkannt wird, und dass uns ein Gegenüber trotz unserer Mängel und Unadäquatheiten prinzipiell bejaht und an unsere Wertrealisierung glaubt.

Die Frage ist nur, woher wir die nötige Anzahl von Psychotherapeuten nehmen, die zu einer solchen tätigen Menschenliebe wirklich fähig sind. Wo ein derartiges Lieben fehlt, bleibt auch das Verstehen aus. Das spürt der Patient und verschließt sich in wesentlichen Teilen seiner Persönlichkeit, die dann der Klärung und Entfaltung nicht zugänglich ist. Man kann jahrelang miteinander reden, Träume, Symptome, Fehlleistungen und angebliche oder reale Kindheitserlebnisse analysieren, ohne ausreichende emotionale Erschütterung auszuüben.

Ist aber der gefühlsmäßige Grund der Person nicht aufgewühlt, kann keine Energie zur Wandlung und Wertsteigerung frei werden. Der Charakter eines Menschen ist ein sehr stabiles Gefüge, das fast wie ein Panzer anmutet. Aus unserer Argumentation sollte deutlich geworden sein, dass Charakterveränderungen nur stattfinden, wenn im Selbstverstehen des Betreffenden, im Werterleben und Lebensmut und in seiner grundlegenden Weltzuwendung echte Wandlungen zustande kommen.

4.7   Vom Sinn des Liebens

Wir haben die Auffassung zurückgewiesen, dass Liebe lediglich irgendein Gefühl sei, das neben anderen Gefühlen aufgelistet werden kann. Unserer Interpretation zufolge ist Liebe eine Gesamtbewegung der menschlichen Existenz, ja sogar das innerste Geschehen von deren Selbstschöpfung und Selbstverwirklichung. Das menschliche Sein ist nicht einfach eine Gegebenheit, sondern eine Aufgabe; es muss sich selbst aktiv schaffen, gestalten und in seinem Wert steigern. Nur so lebt es in einer reichen und mannigfaltigen Realität. Letztere zerfällt, wenn die Kraft der Stellungnahme und Sinnsuche im Individu-

um erlahmt. Pathologische Zustände sind Persönlichkeitsdefizite, in denen zentral ein grundlegendes Manko der Liebesfähigkeit auffällt.

Andererseits scheint alles Große und Tüchtige am Menschen mit dem Liebenkönnen im Zusammenhang zu stehen. Die Liebesfähigen finden nicht nur ihr eigenes Glück, sondern beglücken auch andere, die in ihren Einflussbereich geraten. In den Künsten, Wissenschaften, Kulturleistungen, in der Lebenspraxis und im alltäglichen Zusammenleben sind es in erster Linie jene, die von gesteigerter Beziehungsfähigkeit erfüllt sind, welche den Fortschritt in die Welt bringen. Sie haben die Geduld und Aneignungsbereitschaft, welche die Gaben der Tradition fruchtbar zu machen wissen, indem frühere menschheitliche Errungenschaften durch neue Formen des Lebens und Gestaltens ergänzt werden.

Max Scheler deutete in *Wesen und Formen der Sympathie* (1912/1921) die Liebe als eine Bewegung vom niederen zum höheren Wert hin. Es besteht eine Werthierarchie, die durch das Erkenntnisorgan des Gefühls wahrgenommen werden kann. Im Laufe der Kulturentwicklung treten nach und nach immer deutlicher die einzelnen Werte hervor, auf die wir unser Streben und Verhalten ausrichten können.

Die Ethik aller Zeiten und Völker untersuchte den Stufenbau im Wertreich und hat Abhängigkeiten und Rangordnungen mit wechselhaftem Geschick bloßgelegt. Meinungsverschiedenheiten werden in diesem Bereich, in den Weltanschauungen und Ideologien mächtig hineinspielen, kaum zu vermeiden sein. Das europäische Denken der Neuzeit scheint dahin zu tendieren, dass es der Individualität oder Persönlichkeit des Menschen einen sehr hohen Rang im Wertreich zuschreibt.

> Vielleicht ist Liebe jene Kraft, die uns das Individuelle am Mitmenschen fühlen und schätzen lehrt und uns selbst zum Personwerden ermutigt. Sie ist der Impetus, der uns alles Seiende in seinem

Eigenwert spüren lässt, so dass wir uns ihm ohne Verwendungsintention und Machtwille nähern können. Andere Worte für diese Existenzsituation sind Achtung, Freigabe oder Fürsorglichkeit. Liebend vollendet der Mensch nicht allein sich selbst, sondern auch die Welt.

Literatur

Barrett-Browning E (1850) Sonette aus dem Portugiesischen, in der Übertragung von Rilke RM (1908). In: Rilke RM (1997) Sämtliche Werke Bands VII. Insel, Frankfurt am Main

Eibl-Eibesfeldt I (1982) Liebe und Hass. Piper, München (Erstveröff. 1970)

Erich Fromm (1989) Die Kunst des Liebens. In: Gesamtausgabe Band IX. dtv, München (Erstveröff. 1956)

Fontane T (2002) L'Adultera. In: Sämtliche Romane, Gedichte, Nachgelassenes, 2. Band. Wissenschaftliche Buchgesellschaft, Darmstadt (Erstveröff. 1882)

Hartmann N (1926) Ethik. de Gruyter, Berlin

Hehlmann W (1968) Wörterbuch der Psychologie. Kröner, Stuttgart

May R (1970) Der verdrängte Eros. Wegner, Hamburg

Humor

5

Nach einer alten griechischen Sage schuf Zeus unter dem Namen Pandora die erste Frau auf Erden; dort wurde sie die Stammmutter aller irdischen Frauen. Um Prometheus und seine Schützlinge (die Menschen) für den Feuerraub zu bestrafen, kam Pandora zu Prometheus' Bruder Epimetheus und brachte als Geschenk eine Büchse mit. Darin waren unter verschiedenen Gaben auch die Übel enthalten. Bei der Öffnung der Büchse flogen diese heraus und quälen seither die Menschen. Zuunterst in der Büchse war noch die Hoffnung eingeschlossen; diese wurde jedoch von Pandora nicht freigegeben.

Der alte Mythos besagt wohl: Der Mensch kann jegliche Not und Entbehrung ertragen, wenn ihm nur die Hoffnung bleibt. Vielleicht sollte man die Erzählung ergänzen, denn außer der Hoffnung enthielt die Pandorabüchse unserer Meinung nach noch den Humor. Nicht nur das Hoffen ist nötig, um Übelstände zu überdauern. Der Humor trägt fast mehr dazu bei, dass der Mensch selbst in schier aussichtslosen Lebenslagen Mut und Kampfgeist nicht aufgibt. Jedenfalls ist der Humor zu allen Zeiten als eine kostbare und oft auch großartige Geisteshaltung oder Temperamentsbeschaffenheit gewürdigt worden. Wilhelm Hehlmann sagt:

» Humor (lat.), Flüssigkeit, Saft; eine temperamentsangelegte, aber geistig überformte Grundgestimmtheit: die Heiterkeit in allen Lebensbezügen; das innere Lächeln, mit dem Schwächen und Unzulänglichkeiten der Welt überstrahlt, selbst liebenswert gemacht werden. Am engsten ist der Humor mit dem Gemüt verhaftet. Der große Humor ist innere Überlegenheit, Verstehen aus der Kenntnis von Welt, Leid, Schmerz und Selbstbezwingung (Hehlmann 1968, S. 193). **«**

Da sich auch die Philosophen ausgiebig mit dem Humor beschäftigt haben, wollen wir ein philosophisches Wörterbuch zu Wort kommen lassen. Es stellt fest:

» Humor (lat., Feuchtigkeit), das richtige Maß von Feuchtigkeit, d. h. gesunden Säften im Menschen, wohl gegründete gute Stimmung. Der Humor sieht am Ernsthaften und Großen das Unbedeutende und Kleine, ohne doch jenes kritisch zersetzend zu verneinen. Umgekehrt sieht der Humor auch am Vernunftwidrigen noch das Vernünftige. Er ist ohne Schärfe, im Gegensatz zur Satire, und getragen von Ernst und Liebe und großer Freiheit des Geistes. Der Humor hat tiefe Beziehung zur philosophischen Haltung … Humor ist die auf großer Charakterstärke beruhende, höchste Form der Selbstbehauptung gegenüber den Sinnlosigkeiten des Daseins und den bösen Zufällen, gegenüber menschlicher Böswilligkeit (Schischkoff 1991, S. 314). **«**

Der eigentliche Gegenstand des Humors ist das Komische in allen seinen Erscheinungsformen. Nun bedeutete »komos« ursprünglich bei den Griechen ein dörfliches Fest; für uns Heutige hat es eine viel weitere Bedeutung angenommen. Wir verknüpfen mit diesem Begriff eine heitere Weltanschauung, belustigende oder befremdende Eindrücke, die auf einer Dissonanz zwischen Sein und Schein, gewohnter Vorstellung und abweichendem Verhalten beruhen. Das Komische erzeugt ein Lächeln oder ein Gelächter beim Betrachter. In dieser Reaktion wird eine Spannung abreagiert, die durch den Anblick von Komik erzeugt wird.

Nach Aristoteles ist das Lächerliche der Anlass zur Komik. Darunter verstand er ein Fehlerhaftes und Unedles ohne schmerzliche und schädigende Wirkung. Seither gibt es zahlreiche Theorien des Komischen. Wollte man sie alle rekapitulieren, stünde man vor einer gewaltigen Aufgabe. Das kann nicht das Anliegen unserer knappen Darstellung sein. Als ein Muster einer philosophischen Konzeption des vorliegenden Themas soll uns zunächst nur die Theorie von Henri Bergson beschäftigen. Er publizierte im Jahre 1900 eine berühmte Studie mit dem Titel

Das Lachen, die seine diesbezüglichen Anschauungen erhellt.

Bergson war einer der führenden Vertreter der Lebensphilosophie. Ihm ging es primär um ein Verstehen des Lebensprozesses in allen seinen Manifestationen. In Frontstellung gegen den philosophischen Materialismus postulierte er eine Lebensschwungkraft, eine geistige Energie, welche das Leben auf der Bahn seiner Entwicklung immer weiter vorantreibt. Dieser »élan vital« schafft immer neue Formen, überwindet die gegebenen Hindernisse und strebt ein höheres Maß von Freiheit, Fülle und Lebensintensität an.

Auch im sozialen und kulturellen Leben der Menschen ist die Lebensschwungkraft wirksam. Aber dieser Feuerstrom erkaltet sowohl in der Evolution der Arten als auch im Kollektivdasein. Was ihn aufhält und einschränkt, ist die Erstarrung und Mechanisierung. Jede Angleichung ans Maschinelle, Stereotype und Rigide ist die Antithese zum Leben selbst.

Daher haben die Menschen seit jeher alles, was der Flexibilität und inneren Lebendigkeit des Lebensvorganges widerspricht, als anstößig empfunden. Sie reagierten darauf mit Lachen, das eine Art Zurechtweisung ist. Wir sollen keine Roboter und Apparate sein, sondern freie Menschen, die in Solidarität das Schöpferische verwirklichen. Lachen ist eine Bestrafung für jene, die sich quer zum Entwicklungsgeschehen stellen und damit den Aufstieg der Kultur behindern.

Sofern man diese Mechanik willkürlich produziert, erregt man Heiterkeit. Die Clowns im Zirkus benehmen sich unbeholfen und starr; kindliche Gemüter werden davon ungemein belustigt. Die Komödie zeigt uns nach Bergson häufig Menschentypen, die einen höchst einseitigen Charakter aufweisen und in allen Situationen steif und unfrei reagieren. Das ist humorvoll für den Zuschauer, welcher die Überlegenheit über die dargestellten Karikaturen des Menschseins erlebt.

Man denke nur an die beliebten Theaterstücke von Molière wie *Der Geizige, Der Bürger als Edelmann, Die gelehrten Frauen, Der eingebildete Kranke* und *Tartuffe* (der religiöse Heuchler). Wenn irgendjemand, dann hat der große französische Humorist die Forderung Friedrich Schillers erfüllt, wonach das Theater eine moralisch-ästhetische Bildungsanstalt ist.

Interessant ist, dass der Mensch nicht einfach auf ein zufälliges Auftreten von Komik wartet, sondern derlei auch selbst und souverän produziert und genießt. Er lacht eben gerne und sucht Gelegenheiten, dieser billigen Freude teilhaftig zu werden. So ist es eine der geläufigsten Situationen der Welt, dass sich Menschen im Zusammensein Witze erzählen, über die sie schmunzeln, lachen oder kichern. Daher hat Sigmund Freud 1905 ein Buch über *Der Witz und seine Beziehung zum Unbewussten* publiziert, das eine Meisterleistung des analytischen Scharfsinns darstellt. Freud selbst war ein Liebhaber von Witzen und konnte im Umgang mit Schülern und Patienten sehr humorvoll sein.

Beim Verstehen von neurotischen Symptomen, Träumen und Fehlleistungen war er immer wieder auf das Phänomen des Humors gestoßen. Die Patienten lachten nicht selten bei gelungenen Symptom- und Traumdeutungen. Und wenn gar dem Schöpfer der Psychoanalyse oder seiner Klientel Fehlleistungen passierten, konnte man nicht leugnen, dass das menschliche Unbewusste enorm witzig sein kann.

In diesem Zusammenhang entdeckte Freud, dass im Witz ähnlich wie im Traum die Phänomene der Verschiebung, Verdichtung, Umkehrung ins Gegenteil, Anspielung und Andeutung sowie Symbolisierung erheblich ins Gewicht fallen. An zahlreichen Witzbeispielen fand Freud, dass sie eine spielerische Betätigung des Menschengeistes zeigen.

Bei den tendenziösen Witzen jedoch postulierte er, dass sie einer geschickten Abfuhr aggressiver und libidinöser Energien dienen. Sie entlasten den Kulturmenschen vom Druck sei-

5

ner Verdrängungen. Indem er witzige Geschichten erfindet, erspart er sich selbst und seinen Zuhörern Verdrängungsaufwand und befreit psychische Energie, die sich in Lachen umsetzt.

Daher die Dankbarkeit der Hörer für den Witzerzähler und die Begeisterungsfähigkeit des Publikums im Theater, wenn sie bei einer gekonnten Komödie über fremde menschliche Schwächen lächeln und lachen können. Nebenbei sei bemerkt, dass das Gefühl der Überlegenheit über andere in Witz und Humor gesucht und gefunden wird.

Im Witzbuch erörterte Freud den Humor nur am Rande. 1928 jedoch verfasste er eine kleine Abhandlung, die diesem Thema besonders gewidmet ist. Dabei verwendete er zur Charakterisierung des Phänomens Worte der Bewunderung und der höchsten Wertschätzung:

>> Der Humor hat nicht nur etwas Befreiendes wie der Witz und die Komik, sondern auch etwas Großartiges und Erhebendes, welche Züge an den beiden anderen Arten des Lustgewinns aus intellektueller Tätigkeit nicht gefunden werden. Das Großartige liegt offenbar im Triumph des Narzissmus, in der siegreich behaupteten Unverletzlichkeit des Ich. Das Ich verweigert es, sich durch die Veranlassungen aus der Realität kränken, zum Leiden nötigen zu lassen, es beharrt dabei, dass ihm die Traumen der Außenwelt nicht nahe gehen können, ja es zeigt, dass sie ihm nur Anlässe zum Lustgewinn sind. Dieser letzte Zug ist für den Humor durchaus wesentlich (Freud 1976, S. 385). **

Freud vermerkte, dass man bei humorvollen Menschen eine gewisse Milde des Über-Ich oder Gewissens vorfindet. Sie haben offenbar Wert- und Idealvorstellungen, die ihnen als Rückhalt in den Frustrationen des Lebens dienen. Ihr Über-Ich reagiert tröstlich und aufmunternd in allen Wechselfällen des Daseins. Es scheint, dass sie sich bei allen Belastungen zu sagen pflegen: »Nimm das nicht tragisch, denn du hast die Zuflucht in deinem Innern, das eine Art Weltüberlegenheit besitzt.« So kommt im Humor eine sieghafte Haltung zum Ausdruck.

Man sieht: Das Pensum einer Humoranalyse ist umfänglich. Wir haben aber nicht die Absicht, es in allen Einzelheiten auf uns zu nehmen. Den Tiefenpsychologen und Psychotherapeuten interessiert in erster Linie die Tatsache, dass der Humor auch ein Charakterzug und eine Eigenschaft der Persönlichkeit ist. Dabei ist festzustellen, dass seelisch gesunde Menschen an ihm merklich partizipieren, indes die Abwesenheit von Humor ein psychopathologisches Diagnostikum darstellt.

> **Je seelisch kranker ein Mensch ist, umso weniger versteht er sich auf das Heitere und Humoristische; für ihn ist das Leben trist und tragisch.**

In der Psychotherapie ist es demnach wichtig, den Patienten zum Humor zu erziehen. Er soll lernen, über sich, die Mitmenschen und die Welt zu lächeln, vielleicht sogar zu lachen. Des Weiteren ist auch die Kindererziehung ein Feld, auf welchem das Humorvolle und Heitere fast unentbehrlich ist. Jean Paul sagte mit Recht, dass unter dem Himmel der Heiterkeit alles gedeiht, nur nicht das Laster!

Für Alfred Adler war der Humor Ausdruck eines hochentwickelten Gemeinschaftsgefühls. Nur wer sich wirklich auf der Erde und bei den Mitmenschen zu Hause fühlt, ist zu einer solchen Seelenleistung befähigt. Der Humorist sieht das Leben als Ganzes; die Teilerfahrung, die schmerzlich sein kann, wird dadurch relativiert.

Jean Paul nannte den Humor das umgekehrt Erhabene. Individualpsychologisch ausgedrückt bedeutet dies, dass der Humorist dem Gottähnlichkeitsstreben der neurotisch Gestörten entsagt; entdeckt er nun an anderen die Reste des Überheblichkeitswahns, kann er begütigend und beschwichtigend eingreifen. Er holt die verstiegenen Mitmenschen auf die Erde und in die Gemeinschaft zurück. Er entlarvt lebenswidrige

Verhaltensstile als komisch und vermittelt so den Mut zur Unvollkommenheit. Ein harmonisches Lebensgefühl ist möglich, wenn jeglicher Absolutheitsanspruch aufgegeben wird. Wer vom Erhabenseinwollen zum mittleren Menschenmaß zurückkehrt, wird notwendigerweise lächeln oder sogar lachen.

Eigentliches Selbstsein fängt erst dort an, wo die Fiktionen der Selbstverherrlichung ad acta gelegt werden. Wer auf Stelzen geht, geht unbequem und kommt nicht weit. Das ist die Botschaft, welche der Humor mitteilt. Er neigt zum Understatement, eine dem Menschen angemessene Haltung.

Beim Witz ist im Unterschied zum Humor oft eine aggressive Tendenz deutlich. Letzterer ist mit den Mitmenschen solidarisch. In ihm wird die Selbstglorifikation als unmögliches Unterfangen durchschaut, was im Allgemeinen psychisch entlastend wirkt. Daher sollte jede Psychotherapie ein Ingrediens von Humor enthalten. Therapeut und Patient lernen zusammen über den Kampf gegen Windmühlen lächeln, die man als Riesen missdeutet.

5.1 Strukturanalyse des Humors

Der Humor ist zwar ein ganzheitliches Phänomen, setzt sich jedoch aus verschiedenen Elementen zusammen, die einer detaillierten Analyse zugänglich sind. In der Folge werden diese Bestandteile der humorvollen Lebenseinstellung namhaft gemacht.

Stimmung Alle seelisch-geistigen Fakten sind getragen von einer Stimmung, welche die Basis jeglichen Verhaltens darstellt. Wo immer der Mensch agiert oder reagiert, tut er dies im Rahmen eines Gestimmtseins, das im Voraus schon sein inneres Befinden und seine äußere Welterfahrung zu einer Einheit zusammenfügt. Im Lichte der jeweiligen Stimmungen erleben wir die Widerständigkeit unserer Welt. In einer trüben Grundstimmung erscheinen uns alle Lebensaufgaben als schwierig oder unmöglich; in einem gehobenen und euphorischen Gestimmtsein öffnen sich für uns viele Möglichkeiten, die zur Verwirklichung einladen.

Der Humor gründet offensichtlich in der Stimmung der Heiterkeit. Sie ist das Gegenteil von Angst und Trübsinn und verbreitet ein helles Licht über eine beinahe schwerelose Welt, mit der zu kommunizieren Freude bereitet.

Heitere Menschen sind gesprächsfreudig, von anmutiger Beweglichkeit, vorwärtsdrängend, zukunftsorientiert und sozial anschlussbereit. Für sie scheint das Glück erreichbar, und sie wollen es anderen mitteilen. Ihr Selbstwertgefühl ist gesichert, und der Wert der Welt bietet sich ihrem Blick an. Sie verströmen Optimismus oder doch die Entschlossenheit, aus dieser schwierigen Welt das Beste zu machen.

Heitere Menschen wollen ihren Mitmenschen helfen und sie fördern. Sie haben ein helles Wesen, gehen nicht immer bedrückt und besorgt einher und machen die anderen nicht zum Objekt oder Träger ihrer eigenen Sorgen. Im Umgang strahlen sie relative Spannungsfreiheit aus und wollen das Leben verschönern. Man spürt bei ihnen ein Sich-verbinden-Wollen, nicht nur in ihren Handlungen, sondern auch in der Art, wie sie sich uns nähern, mit uns sprechen, auf unsere Interessen eingehen und für dieselben wirksam sind.

Allen Beobachtern ist aufgefallen, dass die wahre Heiterkeit nur im Zusammenhang mit einer ernsten Lebenseinstellung zum Tragen kommt. Oberflächliche Menschen bringen es höchstens zur Lustigkeit; diese hält sich in den Niederungen des Daseins auf, indes der Humor in der Regel eine tiefgründige Welt- und Lebensanschauung bedeutet. Diese erwächst aus Selbst- und Weltüberwindung und stellt ein geistiges Phänomen dar. Der heitere Mensch hat mit sich gerungen und einen Großteil seiner Verkrampfung und Selbstbezogenheit abgetan.

Erkenntnisleistung Der Humor beruht nicht nur auf einer gelösten, freudigen Stimmung, sondern auch auf einer Erkenntnisleistung. Diese bezieht sich nicht auf abstrakte und rein rationale Einsichten, sondern auf die praktische Lebenstüchtigkeit. Wir gewinnen daraus die These, dass zum Humor auch ein Bewältigen der alltäglichen Lebensaufgaben gehört, eine verstehende Durchdringung der Situation, in der wir uns befinden.

Radikalisiert sich diese Lebenstüchtigkeit, umfasst sie auch die höheren Leistungen des Denkens und Gestaltens, also von Wissenschaft, Kunst, Philosophie und Lebensverstehen überhaupt. Bei humorvollen Menschen findet man häufig große Lebenskenntnis, erworben durch eigenes Leid und persönlichen Kummer, der in allgemeingültige Zusammenhänge eingeordnet wird.

Spielerisches Ein weiteres Element des Humors ist das Spielerische. Der Humorist spielt mit Worten und Gedanken, Perspektiven des Lebens, Vernunft und Unvernunft, Haltungen und Einstellungen. Man sagt seit langem: Spiele haben ihren Sinn in sich selbst. In ihnen gehen wir im Augenblick auf, heiter wie ein Kind, das mit seinen Spielsachen zufrieden ist. Auch ist das Spiel sinngesättigt, selbst wenn es keine praktischen Resultate aufweist.

Der Humorist ist möglicherweise ein typisches Exemplar des homo ludens, wie ihn der holländische Kulturhistoriker Johan Huizinga geschildert hat. Wer den Humor in allen seinen Spielarten überblickt, wird sich kaum der Einsicht entziehen können, dass in ihm spielerische Tendenzen einen hervorragenden Rang einnehmen.

Schon der Witz ist ein Gedankenspiel. Man erzählt eine Geschichte, die meistens weder wahr noch nützlich ist. Aber sie führt unsere Gedanken zunächst in eine bestimmte Richtung, die uns Staunen macht oder in Spannung versetzt. Dann aber schlägt der Erzähler einen Haken und gibt seiner Erzählung eine überraschende Wendung. Unsere Erwartungen zerstieben in nichts, und das Problem zeigt sich von einer völlig anderen Seite, und zwar von einem Aspekt, der uns lachen lässt.

Anekdoten, Bonmots, Kalauer, Karikaturen und Scherze sind ebenfalls Spiele, entweder mit Worten, Sinn und Unsinn, oder aber mit Zeichnungen, welche das dargestellte Objekt lächerlich machen. Es ist das Kind im Erwachsenen, das sich ob solcher Spielereien freut und sie eigens veranstaltet, um die Spielfreude zu genießen.

Vermutlich gelingt dem Humoristen ein Blick auf die Verstrickungen des Menschendaseins, bei dem sich alles Hin und Her des Lebens, so vielfache Bedrängnis und Verärgerung als ein großer Spaß erweist, sozusagen als eine göttliche Komödie. Man erhebt sich im Humor in die Höhe der Menschheitsoptik, wobei private Nöte und Sorgen relativiert und entschärft werden. Es ist, wie wenn jeder Humorist sagen wollte: »Das Leben ist nun einmal schwierig, mache es Dir durch Lächeln oder Lachen leichter!«

Nähe Bertolt Brecht sagte: »Humor ist Distanzgefühl.« Das ist sicher richtig gesehen, aber Distanz eignet auch der Schüchternheit, Gefühlskälte und Menschenfeindschaft. Es muss demnach beim Humor noch etwas zum Abstandhalten hinzukommen; dies ist unseres Erachtens die Nähe. Humor ist distanzierte Nähe, die von Gefühlsreichtum getragen ist.

Nun ist die Paradoxie von Nähe und Distanz eigentümlich für das, was wir menschliche Geistigkeit nennen. Ein Tier kann nicht innerlich zurücktreten und über eine Situation reflektieren; es kann nicht nahe und zugleich ferne sein. Auch ist es nicht in der Lage, sich über sich selbst und seine Lebensverstrickung zu erheben und all das von oben zu betrachten, was eben eine geistige Funktion ist.

Humor ist Geist, also Merkmal einer sozialen und emotionalen Intelligenz. Geistig stumpfe Menschen können niemals humorvoll sein. Andererseits können gewiss auch vom Standpunkt der rationalen Intellektualität durchaus schlichte Menschen geistig oder geistvoll sein. Sie müssen nur viel und richtig über das Leben nachgedacht haben und dabei die Mitmenschen und die Menschheit nicht aus dem Auge verlieren.

Wenn der Humor Geist ist, berührt er sich mit anderen Aspekten der Geistigkeit. Eine geistige Urfunktion ist das Sprechen- und Zuhören-Können: Humorvolle Menschen verwenden die Sprache sorgsam und werden insofern ihrem Wesen gerecht, als sie mit Worten andere Menschen erfreuen. Auch müssen sie in ihrem Sprachverständnis entwickelt sein, denn sie geben auf eine spezifische Situation eine sprachlich angemessene, vielleicht sogar kunstvolle Antwort.

Geist ist des Weiteren Vernunft. Diese ist allgemeingültiges Denken, Überwindung privatistischer Meinungen und Ansichten. Geist ist das, was alle Menschen dieser Erde potentiell verbindet. Nur wer dieses Verbindende sucht, ahnt und begreift, kann Humorist sein.

Sodann ist der Geist zukunftsorientiert. Die Dummheit versackt in ihrer jeweiligen Gegenwart, der Trübsinn ist der Vergangenheit verhaftet: Geistigkeit jedoch will und erstrebt eine Zukunft, da in ihr Voraussicht und Vorausbestimmung (also Freiheit) enthalten sind.

Witz Keine Untersuchung des Humors kann den Witz außer Acht lassen, der geradezu als Prototyp des Humoristischen gilt. Witze sind ein aktives Hervorrufen von Komik und damit humoristische Sprachspiele. Schon vor Freud wurden hervorragende Analysen der Witztätigkeit durchgeführt. Dabei kam es zu folgenden Definitionen:

- Witz ist ein komisches Urteil, das viele Schwächen und Verunstaltungen der Menschenwelt bloßlegt (Theodor Lipps);
- Witz ist ein spielendes Urteil (Kuno Fischer);
- Witz spielt mit Ideen und verkoppelt auch solche, die einander fremd sind: Der Witz ist

der verkleidete Priester, der jedes Paar traut (Jean Paul);
- der Witz ist ein verkürzter Gedankengang, der die Logik überspringt (Lipps);
- er zielt auf Verborgenes und Verhülltes, das er an den Tag bringt.

Schöpferischer Akt Eine moderne Theorie des Humors muss auf Arthur Koestlers Buch *Der göttliche Funke* (1966) Bezug nehmen, welches den Humor als schöpferischen Akt in eine Reihe mit dem künstlerischen Schaffen und dem wissenschaftlichen Erkennen stellt. Koestler zufolge ist der gemeinsame Nenner aller dieser kreativen Akte die sogenannte Bisoziation. Der Humorist, der originelle Künstler oder der Wissenschaftler bringen zwei Gedankensysteme in Zusammenhang, die zunächst völlig getrennt erscheinen. Im Lichte bisoziativer Verkettung erfahren wir den Humor sowie die wissenschaftliche und künstlerische Wahrheit.

Das hat allerdings, wie erwähnt, schon Bergson teilweise gesehen. Bei ihm findet die Bisoziation zwischen dem Lebendigen und dem Mechanischen statt. Der Wechsel von dem einen Bezugsrahmen zum anderen wirkt komisch. Doch das ist gewiss nicht alles.

Cervantes zum Beispiel erzielte große komische Effekte, wenn er zwischen der Optik Don Quijotes und Sancho Pansas hin- und herpendelte. Clowns im Zirkus imitieren meistens die großartigen Leistungen der anderen Künstler, aber in ungeschickter Manier: das macht lachen. In manchen Komödien wird Komik erzielt, indem dasselbe Geschehen einmal im vornehmen Milieu, ein andermal im einfachen Volk gespielt wird. In einer Nestroy-Komödie findet sich diese Technik schon im Titel des Stückes angedeutet: *Zu ebener Erde und im ersten Stock*. Im Parterre wohnten die Armen, im ersten Stock jedoch überwiegend die guten Bürger!

❯ Fähigkeit zum geistigen Standortwechsel, Kombination weit entlegener Assoziationspartikel, pointierte Präsentation, Wachrufen von Selbstbehauptung: das sind Elemente des Humors in allen seinen Spielarten.

Neugeburt des Menschen Auf das leicht melancholische Moment im Humor haben wir bereits hingewiesen; es bedarf keiner weiteren Erläuterungen. Wichtiger ist wohl Friedrich Hebbels Gedanke, im Humor scheine eine Neugeburt des Menschen stattzufinden. Das berührt sich mit dem bekannten Theorem, dass der Mensch zweimal geboren wird. Einmal kommt er ohne sein Zutun auf biologische Weise zur Welt. Sodann aber hat er sich lebenslang an der Geburt seiner moralischen Persönlichkeit abzuarbeiten. Diese zweite Geburt oder die Selbstauszeugung der Person ist durch Taten und Leiden sowie durch innere und äußere Entwicklung zu vollziehen.

Der Humor scheint diesbezüglich ein großer Geburtshelfer zu sein. Er ist ein Index dafür, dass ein Mensch überhaupt ein Bewusstsein für diese Aufgabe in sich trägt. Ungebildete und undifferenzierte Charaktere nehmen ihr Leben als bloßes Faktum; der geistig wache Menschentyp jedoch weiß, dass hinter dieser Faktizität ein Desiderat aufleuchtet, dem im Humor entsprochen wird. Diese Aufgabenstellung heißt: »Werde, der du bist! Entwickle dich! Suche dein ureigenstes Ich!«

Die Selbstsuche ist eine Funktion des Geistes und seiner inneren Befreiungsmöglichkeiten. Wenn Jean Paul den Humor das umgekehrt Erhabene nennt, weist er darauf hin, dass sich die Menschen viele Götter und Götzen schaffen, vor denen sie im Staube knien. Da kommen nun Witz und Komik, die unsere Pseudogottheiten daraufhin abklopfen, ob sie nicht aus Ton, Glas oder anderem hinfälligen Material bestehen. Die meisten von ihnen halten bei dieser Probe nicht stand.

Darum sind alle Autoritarismen in Staat, Kirche und Gesellschaft humorfeindlich. Und viele gute Witze sind humanistisch in dem Sinne, dass sie sich zur Erde, zum Mitmenschen sowie zum schlicht-alltäglichen Dasein bekennen und allen Phantomen und Phantasmen eine Nase drehen. Das demonstriert der folgende hübsche Witz, der alles Geflunker über die Erhabenheit des Paradieses glossiert:

❯ Eine Dame erzählt ihrer Nachbarin einen Traum, den sie in der vergangenen Nacht gehabt hatte. Sie war im Himmel und sah drei Türen, zwei kleine und eine große in der Mitte. Sie öffnete eine der kleinen Türen und sah Menschen, die friedlich beieinander saßen. Sie öffnete die andere kleine Tür und sah Engel, die prächtige Musik machten. »Hast du auch die große Tür aufgemacht?« fragte die Nachbarin. »Ich versuchte es. Ich drückte, aber konnte sie nicht aufbekommen. Ich wollte es schon aufgeben, da kam Sankt Petrus vorbei, der sich freundlich erbot, mir behilflich zu sein. Er drückte mit aller Kraft gegen die Tür, die sich daraufhin mit einem plötzlichen Schwung öffnete. Ich fiel förmlich in das Zimmer hinein und stand unvermittelt vor dem Thron Gottes.« »Meine Güte! Und was hat Gott gesagt?« Er lächelte und sagte: »Klemmt, was?« ❮

Es klemmt sehr vieles im Menschenleben, und der Humor ist jenes Gleitmittel, welches die Türen zur Welt und zu den Mitmenschen öffnet. Er ist der Knopf, der verhindert, dass der Kragen platzt. Er ist praktische Philosophie und damit der Wahrheit und dem Ethos verpflichtet. Eine humorvolle Menschheit wäre gewiss friedliebend, kooperativ, vorurteilsfrei und vernünftig.

5.2   Lachen und Lächeln

Das Lachen spielt im Humor eine zentrale Rolle. Daher ist es unabdingbar, im Zusammenhang mit einer Humoranalyse auf dieses Phänomen einzugehen.

Die Biologen nennen das Lachen ein angeborenes Instinktverhalten des Menschen. Man beobachtet an Kleinkindern sehr früh (im zweiten Lebensmonat) ein Lächeln beim Blickkontakt mit der Mutter. Später im Leben entwickelt sich ein breites Spektrum von Lachreaktionen; dieses reicht vom feinsten Lächeln bis zum brüllenden Gelächter.

Überhaupt hat jeder Mensch seine ganz individuelle Art des Lachens; es ist charakterologisch aufschlussreich, darauf zu achten. Nietzsche scheint dies jedenfalls beobachtet zu haben, weshalb er im folgenden Aphorismus als Humorpsychologe zitiert werden kann:

» **Lachen und Lächeln**. – Je freudiger und sicherer der Geist wird, umso mehr verlernt der Mensch das laute Gelächter; dagegen quillt ihm ein geistiges Lächeln fortwährend auf, ein Zeichen seines Verwunderns über die zahllosen versteckten Annehmlichkeiten des guten Daseins (Nietzsche 1988, S. 626). **«**

Arthur Schopenhauer, den Nietzsche als seinen großen Lehrer und Erzieher verehrt hat, sagte lakonisch: »Man lacht über andere, und man weint über sich selbst.« Ob dies in jeder Beziehung richtig ist, wollen wir weiter unten zu klären versuchen. Aber der Überheblichkeitsaspekt im Lachen ist gewiss nicht aus der Luft gegriffen.

Die meisten Autoren sind der Meinung, dass das Lachen eine Auszeichnung des Menschen ist. Tiere können grinsen und sich amüsieren, aber ein eigentliches Gelächter ist das nicht. Irgendwann auf dem Wege der Menschwerdung erfand der Mensch die Lachreaktion; er muss es wohl bitter nötig gehabt haben. Auch hier wieder sei auf Nietzsche zurückgegriffen, der in seinem Spätwerk *Der Wille zur Macht* die These vertrat, das leidendste Tier auf Erden habe das Lachen erfunden, um überleben zu können.

Es ist sicher nützlich, an dieser Stelle auf die Theorie von Helmuth Plessner zu verweisen, die er in seinem Buch *Lachen und Weinen* ausführlich dargelegt hat. Nach Plessner bilden Lachen und Weinen eine eigentümliche Ausdrucksweise. Beide sind weder Gesten noch Gebärden, aber der Ausdruckscharakter ist an ihnen unverkennbar.

Nun meinte Plessner, dass dem Menschen von seinem Wesen her eine exzentrische Positionalität zukomme. Das bedeutet: Er *ist* Leib, und er *hat* einen Körper. Einesteils verfügt er über diesen Körper und dessen Organe wie über Werkzeuge; dann wieder fällt er gleichsam in seinen Leib zurück und ist leibhaft. Das ganze Menschenleben ist ein Oszillieren zwischen diesen beiden Grundmöglichkeiten.

Solange der Mensch souverän in seiner Umwelt waltet, bleibt der Werkzeugcharakter seiner Leibhaftigkeit bestehen. Kommt es aber zu Situationen, auf die es keine adäquate Antwort zu geben scheint, treten Lachen oder Weinen in Funktion. Diese Lagen müssen unbeantwortbar, aber nicht unbedingt bedrohlich sein. Sonst kommt es zur Flucht- oder Verweigerungsreaktion; für Lachen und Weinen gelten aber:

» Man lacht und weint nur in Situationen, auf die es keine andere Antwort gibt. D. h. für den, der ein Wort, ein Bild, eine Lage so nimmt, dass er lachen oder weinen muss, gibt es keine andere Antwort, auch wenn andere seinen Humor nicht begreifen, ihn für albern oder rührselig halten und anderes Benehmen am Platze finden (Plessner 1961, S. 185). **«**

Beim Lachen handelt es sich um eine Souveränitätsbekundung in einer schier unmöglichen Situation. Es ist Selbstbehauptung und Selbstpreisgabe zugleich. Da man wohl meistens in Gesellschaft lacht, ist es gemeinschaftsbildend. In gewisser Weise üben die Lachenden miteinander, auch extrem schwierige Lebenskonstellationen durch den Rückzug in ein souveränes Leibverhalten zu bewältigen.

> ❯ Dass das Lachen gesund ist, sagen uns die Ärzte und die Philosophen seit Jahrhunderten; Kant hielt es, wie erwähnt, neben der Hoffnung und dem Schlaf für eine der größten Wohltaten des Lebens.

5.3   Erziehung und Humor

Kein Kenner von Erziehungsfragen wird leugnen, dass Humor in der Kindererziehung von entscheidender Bedeutung ist. Humorlose Eltern können keine guten Erzieher sein. Denn das Fehlen von Humor lässt auf Mangel an Selbsterkenntnis, Heiterkeit der Seele, mutiger Lebens- und Weltanschauung und an Solidarität mit den Mitmenschen schließen.

Kinder selbst – wenn sie physisch gesund sind – bringen sowohl Intelligenz als auch Humor mit auf die Welt. Jedenfalls zeigen sie entsprechende Reaktionen, die sich bei geeigneter Pflege und Förderung zu gediegenen Haltungen auswachsen können. Aber das gelingt nicht immer. Alexandre Dumas fragte dementsprechend seine Gesprächspartnerin Madame de Grignan:

❯❯ »Wie kommt es, dass die kleinen Kinder so klug und die meisten Menschen so dumm sind?« Frau de Grignan wusste darauf keine Antwort und fügte bei: »Ich habe bemerkt, dass alle Kinder bis zum Alter von zwölf Jahren gründliche Kenner des menschlichen Herzens sind. Dann, nachdem sie erst alles geahnt und verstanden haben, so zwischen zwölf und zwanzig Jahren, ich weiß nicht, was dann über sie kommt. Plötzlich werden sie blöd. Eine wahre Epidemie! Nur die Faulpelze bleiben heil!« ❮❮

Wie immer man zu diesem Pessimismus steht: Eine realistische Sicht ist darin unverkennbar. Auch Sigmund Freud verwunderte sich darüber, dass die Kinder im Fragealter so intelligent und später so stumpf sind. Da ist doch etwas faul an unseren Erziehungsmethoden. Welche Eltern und Lehrer sind sich bewusst, dass sie ihren Kindern humorvoll begegnen müssen, um deren Lebenseinstellung ins Heitere und Hoffnungsvolle einmünden zu lassen?

Im Grunde handelt es sich hier um das Thema der Freude im erzieherischen Alltag. Pädagogische Autoren weisen darauf hin, dass ein freudiges Lebensgefühl für die Entwicklung von Ethos und Moral unentbehrlich ist. Freude ist ein sich Öffnen für die Menschen und für die Welt; Freudlosigkeit ist ein anderes Wort für Verschlossenheit. Verschlossene Menschen nützen nur einen Bruchteil ihrer Intelligenz aus.

Freude ist auch ein Motor für Kraftbetätigung. Freudlose Menschen neigen zum Phlegma. Spinoza wusste schon, dass Freude und Heiterkeit ein Zeichen dafür sind, dass sich der Mensch auf eine höhere Stufe der Vollkommenheit hinbewegt. Trübsinn jedoch sei ein Symptom dafür, dass der Mensch unvollkommener und unzulänglicher werde. Alfred Adler sagte in seinem Buch *Menschenkenntnis* sehr eindrücklich:

❯❯ Beim Affekt der Freude sehen wir deutlich die Verbindung. Sie verträgt die Isolierung nicht. In ihren Äußerungen: Aufsuchen der anderen und Umarmung zeigt sich der Hang zum Mitspielen, zum Mitteilen und Mitgenießen. Auch die Attitüde ist verbindend, es ist ein Händereichen, eine Wärme, die auf den andern ausstrahlt und ihn ebenfalls erheben soll. Alle Elemente zum Zusammenschluss sind in diesem Affekt vorhanden. Auch hier fehlt die aufsteigende Linie nicht, auch hier haben wir einen Menschen, der aus einem Gefühl der Unzufriedenheit zu einem Gefühl der Überlegenheit gelangt. Die Freude ist eigentlich der richtige Ausdruck für die Überwindung von Schwierigkeiten. Hand in Hand mit ihr geht das Lachen in seiner befreienden Wirkung, gleichsam den Schlussstein dieses Affektes darstellend. Es weist über die eigene Persönlichkeit hinaus und wirbt um die Sympathie des andern (Adler 1957, S. 223). «

Ein besonders wichtiger Zeitpunkt für das Praktizieren von Freude und Humor sind die gemeinsamen Mahlzeiten. Sie sollen nicht für Ermahnungen, Schimpfen und Nörgelei verwendet werden. Ein heiterer Umgangston fördert nicht nur die Bekömmlichkeit der Speisen, sondern schließt auch die Familiengemeinschaft zu einer Einheit zusammen. Relevant ist diesbezüglich das Frühstück; es ist der Anfang des Tages und sollte den Kindern für den Tagesverlauf Mut und Optimismus mitgeben.

Es ist ein wahres Unglück für die Kinder, wenn sie schon beim Tagesbeginn in unmutige Elterngesichter schauen müssen und von einer unfreundlichen Stimmung angesteckt werden. Das wirkt sich selbstverständlich auf das Lernen in der Schule und auf den Umgang mit den Menschen überhaupt verheerend aus. Günther H. Ruddies gibt in *Vergnügliche Seelenkunde – Eine Psychologie des Humors* einen ernstzunehmenden Wunschkatalog für humorvolle Erziehung:

» Vor allem: Nimm dich nicht wichtiger als du bist. Die Erziehung von Kindern, Schülern und Jugendlichen hängt nicht von dir alleine ab. Der andere Elternteil, Geschwister, Spielgefährten, Verwandte, Lehrer, Nachbarn und Bekannte erziehen mit … Sei darauf gefasst, mehr von Kindern zu lernen, als sie von dir je lernen könnten. Sie nehmen noch Menschen und Dinge wahr in einer Weise, die du in der Hast des Erwerbslebens längst verlernt hast. Sie sprechen mutig Wahrheiten aus, die du lieber bei dir behältst oder herunterschluckst. Kindermund spricht wahr, heißt es, denke daran. Lass' dich anregen, quälende Rücksichtsnahmen abzulegen, die Verhältnisse und zwischenmenschliche Beziehungen nur verschlimmern … Verweigere dich Leuten, die dir weismachen wollen, dass Erziehung hauptsächlich aus Belehrung bestehe. Stecke den hocherhobenen Zeigefinger weg und mache dich mit

den Kindern gemeinsam auf den Weg, Antworten auf Fragen und Lösungen für Probleme zu suchen … In jeder Altersstufe haben Kinder ein Anrecht auf authentisches Leben, auf wirkliches Leben jetzt und hier. Biete alle deine Phantasie auf, um es lebendig und abwechslungsreich zu gestalten (Ruddies 1983, S. 62). «

Der Psychotherapeut hat diesem Katalog nur beizufügen, dass all dies nicht willentlich und vom Bewusstsein her erzwungen werden kann. Humorvoll können nur Menschen sein, die ihr eigenes Leben angepackt und einigermaßen bewältigt haben. Auch müssen sie sich um Selbsterkenntnis, Menschenkenntnis und Weltkenntnis bemüht haben.

Ein dumpf dahinlebender Mensch, ein Macht- oder Geldmensch und ein Liebesunfähiger wird es sicher nicht bis zum Humor bringen; zu seinem Lebensstil passt eher die Freudlosigkeit. Oft bedarf es einer psychotherapeutischen Kur und Nachreifung, um den brachliegenden Humor in sich zu entfalten.

5.4   Humor in der Psychotherapie

Es ist ein merkwürdiges Phänomen, dass sich die Tiefenpsychologen und Psychotherapeuten relativ wenig um den Humor gekümmert haben, wiewohl die Väter der Tiefenpsychologie eine ausgeprägte Neigung für die heitere Seite des Menschenlebens an den Tag legten. Bei Freud selbst ist dies mit den Händen zu greifen – war er doch nicht nur der Verfasser eines tiefgründigen Buches über den Witz, sondern auch ein lebenslanger Sammler von witzigen Anekdoten und Vergleichen. In seinen Schriften kommt an entscheidenden Stellen immer wieder eine geistreich-heitere Wendung vor. Einem amerikanischen Journalisten sagte er in seiner Spätzeit, Lessing sei sein stilistisches Vorbild gewesen. Auch Heine hat, neben anderen Autoren, dem Freud'schen Sprach- und Denkstil Pate gestanden.

5

Alfred Adler war ein vielbewunderter Erzähler von Witzen, mit denen er seine Psychologie zu illustrieren pflegte. Im therapeutischen Gespräch überzeugte er seine Patienten nicht selten durch komische Analogien und Geschichten, dass sie ihren Ängsten und Eitelkeiten entsagen müssten, um sich auf den Weg zur Gemeinschaft zu begeben.

C. G. Jung wiederum streute in seine Texte dann und wann etwas derbe Späße ein. Es ist glaubhaft überliefert, dass er in Therapiesitzungen mitunter in ein brüllendes Gelächter ausbrach, von dem sein Haus in Küsnacht am Zürichsee erzitterte. Das mag möglicherweise ein Hinweis auf eine überexpansive, geltungshungrige Persönlichkeit sein; aber der Humor ist darin ebenfalls repräsentiert.

Adler hat 1927 in seinem Aufsatz *Zusammenhänge zwischen Neurose und Witz* den Standpunkt vertreten, dass jede seelische Anomalie einem Witz ähnlich sei. Der Patient setze die Normallogik außer Kraft und bemühe sich darum, gegen die Vernunft und den gesunden Menschenverstand seine Ziele zu erreichen. Die Frage des neurotisch Erkrankten laute: »Wie kann ich zur Geltung gelangen, ohne die Lebensaufgaben wirklich zu lösen?« In Adlers Worten:

» Es ist auffallend, eine wie große Übereinstimmung die Neurose in ihrem technischen Aufbau und ihrer Struktur, sowie auch einzelne Fehlschläge in der menschlichen Entwicklung, etwa die Verwahrlosung eines Kindes, mit der Technik des Witzes aufweisen … Oft haben wir vorgeschlagen, durch einen einfachen Kunstgriff den Grad, die Intensität der Nervosität festzustellen, ohne auf weitere Zusammenhänge einzugehen, und sagten: Wenn wir fragen, unter welchen Bedingungen hat dies vorliegende Leiden einen Sinn, eine Berechtigung, so erhalten wir bis zu einem gewissen Grade einen Einblick. Wir stellen uns auf den Standpunkt, dass wir es mit einem Menschen zu tun haben, der sich andere Aufgaben, einen anderen Endzweck gesetzt hat, als

der ist, den wir sonst fordern bzw. den das Leben von ihm fordert. Denn wir setzen unbekümmert, ob gesund oder krank, als idealen, typischen Endzweck eines Menschen: seinen Lebensaufgaben zu obliegen (Adler 1982, S. 178). **«**

Denn so chaotisch und sinnwidrig eine neurotische Symptomatik erscheinen mag: Sie hat doch einen geheimen Sinn und Zweck, und unter dieser Voraussetzung ist sie ein geistreiches Gebilde. Urteilt man allerdings vom Standpunkt der Gemeinschaft und ihren Forderungen her, ist die Neurose schief und krumm. Hält man die beiden Bezugssysteme nebeneinander (die Privatlogik des Patienten und die Kollektivlogik des Soziallebens), entsteht eine witzige Dissonanz. Gleichwohl kann man den Patienten darauf aufmerksam machen, dass er ein witzig-kluger Ausweicher ist, der sich mit vielen Unkosten Lebensmühe ersparen will.

Adler kleidete das in eine hübsche Anekdote ein. Im alten Österreich-Ungarn gelang es Geldfälschern, die österreichische Währung (Krone) so gut zu fälschen, dass sie nicht vom echten Geld zu unterscheiden war. Gleichwohl stellten sie die Produktion ein. Denn eine falsche Krone kostete sie zwei Kronen; so genau mussten sie arbeiten!

Mit solchen Späßen riet Adler dem Patienten, umzukehren und sich zur Mitmenschlichkeit zu bekennen. Ein heiterer, schweretoser Grundzug zeichnete seine Therapiegespräche aus. In ihnen wurde gelächelt und gelacht. Hier wiederum eine bezeichnende Textstelle von Adler:

» Tatsächlich kommt uns eine große Zahl nervöser Erscheinungen wie ein schlechter Witz vor. Sie suchen uns aus unserem Gleichgewicht zu bringen und überraschen uns manchmal wie ein Witz. Wir haben auch seit jeher eine große Neigung, dem Nervösen seinen Irrtum an Anekdoten klarzumachen, ihm zu zeigen, dass er ein zweites Bezugssystem hat, aus dem heraus er handelt, und dass er sein vorliegendes Problem entsprechend diesem System unter großem Kraftaufwand und unter Vornahme falscher Wertungen mit der Logik in Einklang zu bringen sucht. Hier liegt ein Hauptangriffspunkt der Therapie, indem wir die den Handlungen der Nervösen zugrunde liegenden falschen Wertungen aufzuheben trachten, etwa die Schwierigkeiten einer Arbeit nie so hoch ansetzen, wie einer, der ihr ausweichen will, oder dass wir die Lebensfragen nicht für so überaus beschwerlich halten wie der Patient, und seine eigene Kraft viel höher veranschlagen (Adler 1982, S. 180). **«**

In Adlers Sicht sind sowohl der Witz als auch die Neurose kleine Kunstwerke, Betätigungen des schöpferischen Menschengeistes. Daher kann man beide unter anderem in den Bereich der Ästhetik einfügen. Für den Humor ist dies seit langem bekannt, aber auch neurotische Störungen bringen irgendeine Form von Kunstsinn zum Ausdruck.

Des Weiteren wollen Witze und neurotische Symptome die Geltung des Erzählers oder Patienten durchsetzen. Beide Male folgt man nicht dem üblichen gesellschaftlichen Denksystem und geht originelle Wege. Je mehr diese Originalität vom Gemeinschaftsgeist getragen und imprägniert ist, umso wertvoller ist die subjektive Leistung.

Kein Zweifel, dass im echten Humor das Gemeinschaftsgefühl alle Selbsterhöhungstendenzen durchaus im Zaum hält. In der Neurose jedoch wird gegen jede soziale Einordnung rebelliert – mit Mitteln, die der vorwärtsstrebenden Sozietät fremd sind. Man kann am Witz lernen, dass Ich und Wir allemal in einen Einklang gebracht werden sollten.

5.5 Der Psychotherapeut als Humorist

Für den guten Verlauf einer Psychotherapie ist ein Klima des Humors von hervorragender Bedeutung. Dieses muss in erster Linie natürlich vom Therapeuten eingebracht und initiiert werden. Der Patient hat soviel Sorgen mit sich selbst und der Welt, dass für eine humorvolle Lebensperspektive kaum Raum bleibt. Aber wenn der Analytiker mit gutem Beispiel vorangeht, wird auch der Analysand mit der Zeit das Lächeln und Lachen lernen.

Ein vorbildlicher therapeutischer Humorist war wie bereits angedeutet Alfred Adler. Mit kleinen Scherzen, witzigen Erzählungen und Anekdoten konnte er seinen Patienten in vielfacher Form Lebensweisheit vermitteln. Darum soll unsere Untersuchung über den Humor mit einigen weiteren Reminiszenzen an Adlers Behandlungstechnik ausklingen.

Viele Menschen haben in wichtigen Lebenssituationen Lampenfieber, das eine arge Behinderung darstellt. Meistens steht dieses Symptom mit einer allzu starken Ich-Bezogenheit in Zusammenhang (»Was werden die Leute über mich sagen?«). Adlers Kur gegen solche Befangenheit war relativ einfach. Einem Schauspieler, den er wegen Lampenfiebers auf der Bühne behandelte, sagte er:

» Sie wollen zwei Hasen auf einmal jagen, und das ist schwierig. Wenn Sie nur daran denken würden, dem Publikum durch Ihre Leistung Freude zu bereiten, hätten Sie keine Angst. Solange Sie aber auch noch daran denken, Sie müssten der Größte und Beste sein, werden Sie ängstlich sein. *Ein* Hase genügt für einen guten Jäger! **«**

In einem anderen Fall ermutigte er den Patienten mit folgender Geschichte:

» Ein Mann hatte ein Kaninchen, das sich mit großer Zuneigung seinem Besitzer angeschlossen hatte. Einmal kam ein Besucher mit einem Hund – der Hund bellte den Besitzer des Kaninchens an. Darauf geriet dieses in Wut und attackierte den fremden Hund so grimmig, dass dieser davonlief; der Besucher folgte ihm. »So mutig kann man werden«, schlussfolgerte Adler, »wenn man Liebe im Herzen trägt!« **«**

5

Alle Autoren, die ihn kannten, schildern Adler als einen ungemein humorvollen Menschen. Für jede Situation hatte er ein heiteres Wort; er machte aber seine Späße nur, wo er sicher war, niemanden zu verletzen. Wie kaum ein anderer Mensch verstand er die Kunst, lächelnd die Wahrheit zu sagen. So erzählte man ihm einmal, dass ein Mann, den er als kämpferisch und antisozial kannte, sich verliebt habe. Adler riss voller Staunen die Augen auf und fragte: »Gegen wen?«

Wenn Leute in Gesprächen allzu sehr von der Sache abkamen und dafür umso intensiver Begriffe definierten und abstrakt-intellektuell zu unterscheiden versuchten, pflegte Adler zu sagen: »Sie bemühen sich, das Leben aus der Kuh herauszumelken!«

Es kommt gelegentlich vor, dass der Patient seinen Therapeuten behandelt und nicht umgekehrt. Wenn Letzterer unerfahren und mitunter hilflos ist, ergreift Ersterer die schöne Gelegenheit, aus seiner Neurose Überlegenheitskapital zu schlagen und seinen Mentor an der Nase herumzuführen. Diese Situation glossierte Adler für seine Schüler gerne mit folgendem Witz:

» Ein Atheist lag im Sterben. Die um sein Seelenheil beunruhigte Familie bat einen Priester, ihn doch noch vor seinem Tode zu bekehren. Der Priester kam und schloss sich mit dem Sterbenden ein. Die draußen wartende Familie hörte ein langes, erregtes Gespräch zwischen dem Theologen und dem Sterbenden, der ein Versicherungsagent war. Endlich kam der Priester aus dem Zimmer. Die Verwandten fragten den sichtlich Erschöpften: »Nun, Hochwürden, haben Sie ihn bekehrt?« »Nein«, sagte der Priester, »ich habe bei ihm eine Versicherungspolice abgeschlossen!« «

Wenn sich ein Patient über Schlaflosigkeit beklagte, sagte Adler augenzwinkernd, er wisse eine Rosskur dagegen; aber diese wolle er dem Patienten nicht zumuten. Auf dessen Drängen rückte er dann doch mit der Sprache heraus und empfahl, der Patient solle die schlaflosen Nächte dazu verwenden, genau zu überlegen, wem er am folgenden Tage eine Freude bereiten könne. Auf eine solche Empfehlung hin kamen die Patienten meistens wieder in die Sprechstunde und sagten, sie hätten sich nichts ausdenken können, da sie rasch einschliefen.

Andere Analysanden sträubten sich gegen einen derartigen Rat; ihnen gehe es doch schlecht, und da sollten sie den Mitmenschen Freude machen! Die andern sollten damit anfangen! Adler pflegte darauf zu erwidern: »Lassen Sie die andern an ihren Symptomen leiden; wichtig ist, dass Sie aus Ihrer Malaise herauskommen!«

Heiterkeit war das Lebenselement von Adlers Weltanschauung. Diese lehrte er in Vortrag und Gespräch, in Wort und Schrift. Immer kam es ihm darauf an, die sozialen Aufgaben des Menschenlebens ins Licht zu rücken und Patienten und Schüler dazu zu ermutigen, diese in Angriff zu nehmen.

Einmal sprach man in Adlers Gesellschaft über Seelenwanderung. Wiewohl er nicht daran glaubte, ging er auf das Thema ein und fragte die Anwesenden, als was sie denn wiedergeboren werden wollten. Jemand sagte, er möchte gerne ein Atom sein und Kraft auf die Umgebung ausüben. »Aber ein Atom ist doch allein«, sagte Adler missbilligend. »*Ich* möchte am liebsten eine Rose werden; sie ist schön anzuschauen, macht den Menschen Freude und wächst zusammen mit anderen auf einem Busch!«

Zwischen den Psychoanalytikern und den Adlerschülern gab es eine leidige Polemik, an der Freud nicht unschuldig war, indem er seinen früheren Meisterschüler verdächtigte, er habe nur aus Ehrgeiz und Kompromissbereitschaft die Psychoanalyse verlassen. Adler war natürlich hierin ganz anderer Ansicht. Er hatte wirkliche Neuerungen eingeführt, die für die Tiefenpsychologie von großem Nutzen waren.

Adler stellte sogar fest, dass die Entwicklung der Freud'schen Lehre nach und nach seinen eigenen Spuren folgte. Ob es nun Freud recht war oder nicht: Er musste so manches Konzept einführen, welches der individualpsychologischen Lehre merkwürdig ähnlich sah.

Adler kommentierte diesen Vorgang mit der lakonischen Wendung: »Ich bin der Gefangene der Psychoanalyse, der sie nicht loslässt!« Damit spielte er auf einen Witz aus dem Krieg an, der sich in einer Komödie von Johann Nepomuk Nestroy findet: Ein österreichischer Soldat rief zu seinem Vorgesetzten hin: »Herr Leutnant, ich habe einen Gefangenen gemacht!« Darauf der Leutnant: »Bringen Sie ihn her!« Und der Soldat: »Ich kann nicht. Er lässt mich nicht los!«

Als Adler irgendwo an einer englischen Universität eine seiner berühmten Vorlesungen hielt, war der Vorsitzende ein Freudianer und benützte seine einleitenden Worte dazu, den Redner des Tages anzugreifen und herabzusetzen. Adler ging zum Vortragspult und nahm auf diese Polemik keinen Bezug; aber im Vorbeigehen hatte er seinem Widersacher freundlich auf die Schulter geklopft!

Literatur

Adler A (1957) Menschenkenntnis. Rascher, Zürich (Erstveröff. 1927)

Adler A (1982) Zusammenhänge zwischen Neurose und Witz. In: Psychotherapie und Erziehung – Ausgewählte Aufsätze, Band 1, 1919–1929. Fischer, Frankfurt am Main (Erstveröff. 1927)

Bergson H (1921) Das Lachen. Diederichs, Jena (Erstveröff. 1899)

Freud S (1973) Der Witz und seine Beziehung zum Unbewussten. In: GW VI. Fischer, Frankfurt am Main (Erstveröff. 1905)

Freud S (1976) Der Humor. In: GW XIV. Fischer, Frankfurt am Main (Erstveröff. 1928)

Hehlmann W (1968) Wörterbuch der Psychologie. Kröner, Stuttgart

Koestler A (1966) Der göttliche Funke – Der schöpferische Akt in Kunst und Wissenschaft. Scherz, Bern

Nietzsche F (1988) Menschliches, Allzumenschliches II, KSA 2. dtv/de Gruyter, München/Berlin (Erstveröff.1886)

Jean Paul (1963) Vorschule der Ästhetik. Hanser, München (Erstveröff. 1806)

Plessner H (1961) Lachen und Weinen. Eine Untersuchung über die Grenzen menschlichen Verhaltens. Francke, Bern (Erstveröff. 1940)

Ruddies GH (1983) Vergnügliche Seelenkunde. Eine Psychologie des Humors. Kösel, München

Schischkoff G (Hrsg) (1991) Wörterbuch der Philosophie. Kröner, Stuttgart

Hingabefähigkeit

6

Selbstbehauptung Unter dem Einfluss einer aus den USA stammenden Populär-Psychologie gab es in den letzten Jahrzehnten eine vermehrte Zuwendung zum Thema Selbstbehauptung. In Volkshochschulkursen wurden und werden Lehrveranstaltungen hierzu angeboten. Auch fehlt es nicht an eingängigen Publikationen, durch die man bei genauer Lektüre rasch und mühelos lernt, sich im Leben zu behaupten und durchzusetzen.

Bei dieser fast kindlichen Mode wollen wir uns nicht aufhalten. Eher schon möchten wir die These in den Raum stellen, dass mindestens so wichtig wie die Selbstbehauptung die Fähigkeit zur Hingabe ist. Wir haben sogar den Eindruck, dass bei der Person-Werdung des Menschen Letztere eine entscheidende Rolle spielt. Was der Menschheit im jetzigen Stadium der Kulturentwicklung besonders mangelt, sind Bereitschaften und Dispositionen, die offenkundig mit der Fähigkeit zur umfänglichen Hingabe zusammenhängen.

Bei sorgfältiger Überlegung muss man zugeben, dass in wichtigen Bereichen des Menschenlebens gerade die Hingabe zentral ist. Ein Gebiet, bei dem dies jedermann einleuchtet, ist natürlich die Sexualität. Viele Menschen klagen darüber, dass sie sich im Liebesleben nur eingeschränkt oder gar nicht loslassen können. Sie sind durch ihre Ängste und Hemmungen im eigenen Ich verfangen. Der Wunschtraum der meisten wäre es, sich frei geben und entsprechende Haltungen des Partners mit dem konkordanten Gefühl erwidern zu können.

Warum ist das so schwer? Wir werden in der Folge zeigen, dass Erziehung, Sozialisation und Lebensumstände geradezu systematisch gegen die Hingabefähigkeit ankämpfen. Man muss schon ein Glückspilz sein, wenn man in sein Erwachsenenalter die Kompetenz und Kapazität der Gefühlswelt hinüberretten kann. Wir finden derlei bei stark ausgeprägten Persönlichkeiten und bei schöpferischen Menschen; beiderlei ist bekanntlich in unserer Kultur selten.

Zärtlichkeit Das Menschenkind ist von der Natur mit einer erheblichen Portion von Hingabefähigkeit ausgestattet. Mit dem Bedürfnis nach Zärtlichkeit wendet es sich an seine Eltern, und das macht einen nicht geringen Reiz der Elternschaft aus. Empfängt der Heranwachsende im frühen Stadium Liebe und Geborgenheit, erwidert er diese ziemlich bald mit Lächeln und ähnlichen Spontanreaktionen, welche die emotionale Interaktion weiterhin stimulieren. Dieser Zärtlichkeitsaustausch ist ein relevanter Faktor im Werden der Persönlichkeit.

Geduld Wenn ein Kind reift, muss es in seinen ersten Jahren außerordentlich viele Lernprozesse absolvieren. Es lernt stehen, gehen, sprechen und sich sozial verhalten. Wer Kinder bei diesen oft mühevollen Schritten der Reifung beobachtet, erkennt, mit welcher Hingabe und Geduld sie gegen alle Widerstände angehen. Sie mögen Hunderte Male hinfallen; sie richten sich auf und torkeln durch die Gegend, bis sie den berühmten aufrechten Gang erlernt haben. Und nun erst das Sprechen-Lernen: Die Worte und Wortkombinationen müssen immer wieder geübt werden, bis mit ihnen Verständigung möglich ist.

Würden wir als Erwachsene noch immer diese Haltung besitzen, könnten wir vermutlich ein Vielfaches dessen lernen und leisten, was wir im Leben zustande bringen. Aber am Ausgang der Kindheit ist dieses Kapital von Hingabe an Entwicklung und Wachstum beinahe aufgebraucht. Der Faktor Ich-Haftigkeit ist durch eine falsche Pädagogik ins Kind eingepflanzt, wodurch es etwaige Widerstände und Niederlagen stets persönlich nimmt. Gekränkte Eitelkeit macht es fast unmöglich, Dinge und Reaktionen zu trainieren, die man noch nicht kann. In einer witzigen Definition hat irgendjemand gesagt, man sei erwachsen, wenn man aus Angst vor Blamage nichts Neues mehr lernt.

Sexualität Die oben erwähnte sexuelle Hingabe wird von den Betroffenen meistens als etwas

Punktuelles und Isoliertes angesehen. Daher suchen sie nach Tricks und Methoden, um sich die erwünschte Lustmöglichkeit zu verschaffen. Für den Psychologen jedoch ist im menschlichen Seelenleben alles mit allem verbunden. Daher muss man die ganze Persönlichkeit ändern, wenn man im Detail vorankommen will.

Wer im Liebesakt gelöst und innerlich frei sein will, muss Hingabe an anderen Orten und Stellen einüben, von denen er zunächst meint, sie hätten nichts mit Sexus und Lustgewinn zu tun. So gesehen gibt es unzählige Trainingsmöglichkeiten für die Liebeskunst, denen man von vornherein keine Beziehung zu diesem Thema zuschreiben würde. Hier muss man charakterologisch denken lernen.

Nachgeben Die Tiefenpsychologie betont, dass in jeder Hingabe auch eine Art Nachgeben enthalten ist. Wer in seinem Charakter infolge früher Fehlprägungen Unnachgiebigkeit kultiviert hat, wird im Liebesakt lange darauf warten müssen, dass er »schmilzt« und sich in Gefühlen auflöst. Wir werden vor allem durch harte, lieblose und verwöhnende Erziehung dazu gedrängt, in allen Lebensverhältnissen die Überlegenheit zu bewahren und den Kopf oben zu behalten.

Ist derlei im Unbewussten verankert, entsteht geradezu Angst, wenn die Situation sich hingeben und nachgeben erfordert. Man ist eben Prestigepolitiker bis ins Liebesleben hinein. Wie will man da zarte und weiche Emotionen haben, wenn man in allen Situationen der bestimmende Teil sein möchte?

Was bei der Hingabe so ängstlich macht, ist die Auflösung der Ich-Grenzen. Normalerweise fühlen wir uns der Welt deutlich als Gegenüber. Überlassen wir uns jedoch den Strömungen von Zärtlichkeit und Gefühl, wissen wir kaum mehr, wo wir aufhören und wo der Partner beginnt. Das ist für viele Menschen eine arge Belastung. Beobachten wir sie in anderen Bereichen der Lebensführung, ist diese scharfe Abgrenzung gegen Du und Wir in der Regel ebenfalls vorhan-

den. Es muss demnach auf vielfältige Weise eine adäquate Form der Regression trainiert werden, durch die wir uns in fast kindliche Treuherzigkeit zurückversetzen können.

Lernfähigkeit Ebenfalls auf dem Boden der Hingabefähigkeit erwächst das Lernen-Können des Menschen. Man klagt oft über die Lernunfähigkeit von Kindern und versucht mit Ermahnungen und Strafen ihren Leistungswillen zu stärken. Meistens hat man keinen Erfolg damit. Wenn nämlich das Kind durch sein gefühlskarges Milieu in der Hingabe beeinträchtigt ist, kann es noch so sehr guten Willen einsetzen: Es kommt nicht voran. Nur eine emotionale Umstellung öffnet sein Wesen für die Lernimpulse, die von der Umwelt gegeben werden.

Lesen Ein Großteil des menschlichen Lernens erfolgt durch Lektüre. Man muss Bücher lesen können, um an den Erkenntnissen und Einsichten anderer Menschen und anderer Epochen teilzuhaben. Ist man sich klar darüber, dass Lesen in erster Linie permanente Hingabe verlangt?

Vor uns liegt ein Buch, in dem ein Autor seine Gedanken, Gefühle und (wenn es Dichtung ist) Phantasien hineingelegt hat. Das ist zunächst ein relativ totes Gebilde, dessen Worte, Abschnitte und Kapitel uns noch nichts sagen. Um es lebendig zu machen, muss der Leser Geduld, inneren Reichtum und Einbildungskraft in Bewegung setzen. Und das nicht nur punktuell; über längere Zeit hinweg haucht er dem widerständigen Material Inhalt und Leben ein, bis es sich ihm als Sinn und Gedankenwelt erschließt. Darum hat Jean-Paul Sartre mit Recht das Lesen als eine Betätigung von Großherzigkeit definiert. Ohne innere Generosität sind wir nicht imstande, dem Text Fülle und Weite zu geben.

Ein guter Leser ist demnach ein gutwilliger Mensch, der bereit ist, beim Studium fremder Ideen Zeit und Geduld zu spendieren. Wer sich selbst als innerlich verarmt empfindet, wird diese Gebefreudigkeit nicht aufweisen. Man kann ihm die schönsten und anregendsten Bücher der Welt schenken: Er wird sie als langweilig empfinden. Das ist korrekt; er projiziert die eigene Öde und Fadheit ins Buch und muss dieses als unergiebig ansehen.

Im vorangehenden Abschnitt wurde bereits angedeutet, dass Hingabe aus dem eigenen Reichtum erfolgt und die Seele weiterhin bereichert. Das ist ein Zirkel, der in keiner Weise vitiös (schädlich), sondern durchaus heilsam ist. In dieser Sphäre gilt die alte Regel: »Wer hat, dem wird gegeben.«

Wer jedoch in einem sozial und kulturell kargen Milieu heranwächst, kennt nicht die Ich-Erweiterung, die meistens auf Akte der Hingabe erfolgt. Er wird sparsam mit sich, wobei das Echo der Umwelt nicht ausbleibt. Goethe hat dies in einem eindrücklichen Vers zusammengefasst:

» Mann mit zugeknöpften Taschen,
Dir tut keiner was zulieb.
Hand wird nur durch Hand gewaschen:
Wenn Du nehmen willst, so gib! (Goethe 2007, S. 336) «

In alle höhere Geistestätigkeit wächst man nur durch ein hohes Maß von Hingabe hinein. Kunst, Wissenschaft, Philosophie und gesunder Menschenverstand sind Domänen der Kultur, zu denen man sich nur aufschwingt, wenn man emotionale Empfänglichkeit mitbringt. Daher sollte jede gute Erziehung in erster Linie eine Pflege des Gefühls und der Sensibilität sein. Der Verstand folgt hintendrein. Sind Emotionen vorhanden, kann er florieren; ohne Gefühl ist er bodenlos.

Gespräch Eine ausgezeichnete Übungsmöglichkeit für Hingabe ist das Gespräch. Wir meinen hiermit nicht die alltäglichen Unterhaltungen, in denen häufig nur verbale Klischees gewechselt werden. Was wir anvisieren ist der echte Dialog, das Gespräch zweier Menschen, in dem irgendeine Sachfrage geklärt, aber auch die Verständigung zweier Persönlichkeiten angebahnt und vollzogen werden soll.

In solche Dialoge muss man sich als Person einlassen und sich Zeit nehmen, um wirklich zu verstehen, wie der andere denkt und welche Gesinnungen und Wertungen hinter seinen Denkweisen stehen. So wird ein Miteinander-Sprechen zu einem intellektuellen Abenteuer, dessen Ausgang nicht voraussehbar ist.

Bei Alltagskommunikationen gibt es kaum Überraschungen. Nicht so bei einem wahren Austausch von Überlegungen und Standpunkten, bei dem man bereit ist, Korrekturen im eigenen Verhalten und Reflektieren anzunehmen. Wer nicht hingabebereit ist, absolviert solche Unterredungen zu ungeduldig und weiß auch nichts von der Kunst des Zuhörens, von der Kommunikation und Kooperation leben.

Arbeiten Auch Arbeiten-Können bedarf der Hingabe. Das gilt schon für mechanische Tätigkeiten, aber noch viel mehr für das schöpferische Tun. Man kann sich einen Künstler kaum vorstellen, der nicht sein Werk mit einer gewissen Selbstvergessenheit produziert. Alfred Adler liebte das mit einer alten chinesischen Erzählung zu veranschaulichen:

» Danach soll ein Holzschnitzer einen Glockenständer von ungewöhnlicher Schönheit geschaffen haben. Als er ihn einem Fürsten verehrte, fragte dieser: »Du bist doch nur ein einfacher Holzschnitzer. Wie konntest Du so ein Kunstwerk schaffen?« Der Mann erwiderte: »Als ich mir vornahm, den Ständer zu schnitzen, nahm ich mich ganz in mein Gemüt zurück. Nach drei Tagen vergaß ich den Ruhm, den ich damit erwerben wollte. Nach weiteren drei Tagen den Lohn, den ich mir erhoffte. Und zuletzt vergaß ich sogar mich selbst. Und dann ging ich in den Wald, sah den geeigneten Holzstamm und musste nur noch die Werkgestalt aus dem Material befreien.« »Das ist seltsam«, sagte der Fürst, »und doch eine wundersame Geschichte.« «

Hingabefeindlich Nach unserer Auffassung sind Kultur, Gesellschaft und Erziehung überwiegend hingabefeindlich. Sie verschwören sich regelrecht, um im Menschen Regungen der Spontaneität und der emotionalen Fähigkeit zum Sich-Verschenken zu unterdrücken. Wie das im Einzelnen vor sich geht, wollen wir hier nicht schildern.

Man könnte dies jedoch verdeutlichen, indem man gleichsam mit einem Vergrößerungsglas die Hingabeabwehr unserer autoritären Welt sichtbar macht. Zu diesem Zweck ist unseres Erachtens eine Betrachtung des Militarismus hilfreich. Er zeigt im Großen, was Familie und Staat alltäglich im Kleinen praktizieren.

Seit unvordenklichen Zeiten ging es darum, dem Menschen beim Militär alle Neigung zu Hingabe, Nachgeben und Sich-Ergeben auszutreiben. Das wurde ziemlich erfolgreich bewerkstelligt. Das entscheidende Mittel war die absolute Dressur zum mechanischen Gehorsam. Mit Gewalt und ingeniösem Drill wurde der Mensch zu einer Befehlsempfangsmaschine herabgewürdigt. Die herrschenden Schichten machten glaubhaft, dass dies unbedingt notwendig sei. Auf diese Weise konnten sie sinnlose Kriege führen und im Frieden dem Staatsbürger moralisch das Genick brechen.

Bis zum heutigen Tag werden die Menschen durch den Militarismus zum Töten und Getötet-Werden dressiert. Man bewegt sich hierbei dicht an der Grenze zur Unmenschlichkeit und überschreitet diese häufig genug. Wir geben ein Beispiel aus der Geschichte des russischen Zarismus, das man durchaus auf andere Verhältnisse übertragen kann.

» Kurz vor dem Ersten Weltkrieg soll der Zarewitsch (Kronprinz), der auch der Führer der überaus mächtigen Militärpartei war, ein größeres Kontingent von Truppen inspiziert haben. Die Leute waren angetreten und standen kerzengerade und stramm da. Der hohe Inspizient ging an allen vorbei und beobachtete sie minutiös. Am Ende der Schau war der Kommandant begierig auf das Urteil des königlichen Armeeführers. Der Zarewitsch jedoch sagte: »Nicht schlecht. Aber die Leute *atmen* noch!« «

Trotz des mörderischen Drills in den russischen Armeen versagten diese Riesenheere im Ersten Weltkrieg kläglich, weil sie eine schlechte Führung, ungute Ausrüstung und keine geeignete Koordination hatten. Auch wenn man ihnen das Atmen beim Stillstehen abgewöhnt hätte, wären die Niederlagen an allen Fronten kaum zu vermeiden gewesen.

Schöpferische Leistung Ebenfalls detaillierter erläutern wollen wir den Zusammenhang zwischen den schöpferischen Leistungen und der Hingabe. Fast alle Zeugnisse bedeutender Kulturrepräsentanten weisen in diese Richtung. Als man Isaac Newton fragte, wie er die Gravitationsgesetze habe herausfinden können, antwortete er schlicht: »Ich habe lange darüber gebrütet.«

Auch die Dichter wissen zu erzählen, dass man die großen Einfälle nicht kommandieren kann. Man muss geduldig warten, bis sie zu kommen belieben. Gottfried Benn klagte bei Gelegenheit darüber, sein Dichten erscheine ihm wie das Sitzen an einem Fluss, wobei man selten genug Wollfäden fischen kann, die vom Wasser herangetragen werden. Und bis man aus den einzelnen Fäden ein kunstvolles Geflecht erzeugen kann, vergeht viel Zeit.

Rainer Maria Rilke hätte dieser Äußerung gewiss zustimmen können. Während der letzten zehn Jahre seines Lebens galt seine dichterische Hingabe durchaus den *Duineser Elegien*, die bereits um 1911 begonnen worden waren. Aber unter den Erschütterungen des Ersten Weltkrieges riss die Inspiration ab. Der Dichter konnte nicht weiterfahren, blieb jedoch dem grandiosen Projekt treu, bis eine Vollendung möglich war. Das geschah in einem Inspirationssturm in den Jahren 1922/23, welchen der Poet im Schlossturm von Muzot im Wallis erlebte. Er schrieb gleichsam wie nach einem fremden Diktat, doch die Dichtung wurde genau das, was er sich von ihr erhofft hatte.

Die Psychologie des schöpferischen Prozesses unterscheidet einige Stadien beim Gelingen des Werks. Man geht davon aus, dass die geeignete Persönlichkeit das Projekt in Angriff nimmt, indem sie mit bewussten Anstrengungen alles Material sammelt, das für die Produktion hilfreich sein kann. Dann folgt mitunter eine Periode der Hilflosigkeit. Hier ist die Verlockung groß, sich mit einer bescheideneren Lösung des anstehenden Problems zufriedenzugeben.

Doch der echte Künstler hält an seiner Vollkommenheitsvorstellung fest. Er kann warten und Geduld üben. Dabei kommt es zum Vorgang der Inkubation. Das ist ein Vergleich mit organischen Vorgängen, die an das Bebrüten von Eiern durch Vögel oder andere Tiere erinnern. Endlich ist das Lebewesen oder das Werk ausgebrütet. Kein Wunder, dass danach so mancher Schöpfer seiner Schöpfung gegenüber gewisse Fremdheitsgefühle entwickelt und sie anstaunt, als ob sie ihm durch eine höhere Macht geschenkt worden sei.

Religion Eine essentielle Fragestellung innerhalb unseres Themas lautet: Hat die Religion einen positiven Einfluss auf die Hingabefähigkeit des Menschen? Auf den ersten Blick hin möchte man diese Frage mit einem Ja beantworten – lehrt sie uns doch, uns an die Gottheit hinzugeben und uns ihrem Walten anzuvertrauen. Zumindest das Christentum gilt als Religion der Nächstenliebe, weshalb man meinen sollte, dass sie uns in der Kunst des Liebens bestärken kann.

Aber die genauere Betrachtung zeigt uns das Gegenteil. Die Menschen, die sich liebend an ihren Gott hingeben, haben oft merkwürdig wenig zarte Gefühle für ihre Mitmenschen. Das betrifft schon diejenigen, die ihren Glauben teilen; noch mehr aber sind sie fanatisch und feindlich gestimmt, wenn sie mit Andersgläubigen zu tun haben. Die Religion der Liebe erwies sich häufig genug als ein Boden, auf dem die Pflanze des Hasses gedeiht.

Friedrich Nietzsche war der Meinung, dass nicht genug Liebe in der Welt sei, um einen Großteil davon an ein eingebildetes Wesen zu verschwenden. Gott sei zwar nur ein Phantom, aber wenn man gläubig auf ihn ausgerichtet ist, vermindert sich die emotionale Zuwendung an die Menschenwelt und an das Leben überhaupt. Die Geschichte scheint diese kritische These zu bestätigen.

Es kommt noch ein weiterer Faktor ins Spiel. Nahezu alle Religionen tendieren zu einer phobischen Ablehnung des Leibes, der Sexualität und einer gewissen Freizügigkeit der Sinne. Sie haben einen asketischen Grundzug und unterliegen dem Wahn, dass man durch Unterdrückung und Bekämpfung des Körpers die Seele vervollkommnen könne.

> Wer die leibliche Seite des Menschseins quält und verfolgt, schwächt das Seelenleben. Das ist kein Wunder: Denn beide Teile der Existenz hängen innig zusammen, so dass die Seele der Sinn des Leibes und der Leib die Außenseite der Seele ist.

Nun ist bei jeglicher Hingabe der Leib eindrücklich mitbeteiligt; die Psyche muss gleichsam in ihn regredieren, um fühlen und empfinden zu können. Hat sie Angst vor der Leiblichkeit, blockiert dies weitgehend alle Gefühle. Darum haben die asketischen Priester zwei Jahrtausende lang der Menschheit das Fühlen geradezu abgewöhnt. Es wurde mit dem Stigma der Sündhaftigkeit behaftet.

Daher könnte man die Hingabefreudigkeit stimulieren, wenn die Menschen kritischer über die Religion denken würden. Letztere ist ein Weltbild aus der Frühzeit der Kultur; ihm eignen gewisse Primitivismen, die fast jegliche Kulturarbeit behindern. Sigmund Freud nannte die Religion ein System von Illusionen, das für die Orientierung innerhalb der Wirklichkeit störend sei. Religion ist Infantilismus. Eine erwachsen-werdende Menschheit wird ihrer kaum noch bedürfen.

Zur Bekräftigung seiner Anschauungen definierte Freud die Religion geradezu als eine kollektive Zwangsneurose. Man könne sie am besten verstehen, wenn man sie mit den individuellen Zwangsstörungen vergleiche. Für diese psychische Erkrankung gilt die Formulierung, dass der Zwangsgestörte ein Mensch ist, welcher die Hingabe fürchtet, als ob sie Hergabe wäre. Meistens stammen diese Menschen aus gefühls-kargem Milieu, wo Strenge und Härte das Gefühl ersetzten. Nun empfinden sie alle emotionale Zuwendung zu Menschen und Dingen als Selbstverlust.

Man kann sich fragen, ob die Religion nicht ein umfassendes Training in einer pathologischen Form der Selbstbewahrung war und ist. Sie forderte die Zurückhaltung vor einer Verschmelzung mit Welt und Mitmenschen, weil sie aus der Angst geboren ist. Und die Angst ist kein schöpferischer Affekt. Wer von ihr ergriffen ist, denkt nur noch unter der Parole: »Wie kann ich mich retten, und wo gibt es eine Zuflucht für mein bedrohtes Ich?«

Krankheit Ein wichtiger Bereich, in dem man Hingabe erlernen muss, ist die Krankheit. Wenn wir krank sind, wollen wir oft rasch und mit aller Gewalt gesund werden. Das ist begreiflich, aber nicht unbedingt der beste Weg zur Genesung. Bei manchen Erkrankungen ist es notwendig, sie zunächst zu akzeptieren und sich ihnen gleichsam hinzugeben. Das bedeutet nicht, dass man irgendwelche Kur- und Behandlungsmöglichkeiten versäumen soll. Aber mitunter sind dezidierte Willensanstrengungen weniger hilfreich, als man meint. Eine Spur von tapferem Fatalismus kann eventuell die Therapie wesentlich fördern.

Das gilt besonders für Krankheiten, die einen chronischen Aspekt aufweisen. Oder aber auch für Störungen, die in der Gesamtpersönlichkeit

wurzeln und nicht einfach durch Antibiotika, Schmerzmittel und operative Eingriffe beseitigt werden können.

Was wir meinen, können wir mit dem Hinweis auf den berühmten Patienten Nietzsche erläutern. Nietzsches Leben von der Mitte seiner 30er Jahre bis zu seinem geistigen Zusammenbruch im Alter von 45 Jahren (1889) war ein einziges Martyrium. Der Philosoph litt unter furchtbaren Kopfschmerzen und Magenverstimmungen, die ihm das Leben zur Last machten. Das Leiden war so schwer und anhaltend, dass Nietzsche nicht selten an Suizid dachte.

Aber er lernte durchhalten und mit der Krankheit zu leben. Oft musste er tagelang still liegen, um die Schmerzen ertragen zu können. Eigentlich gesund war er in den letzten zwölf Jahren seines wachen Lebens nie. Und doch schrieb er an seinem bedeutenden Lebenswerk und war dankbar dafür, dass er trotz seiner permanenten Schwäche geistig funktionsfähig und kreativ blieb.

Es gibt Äußerungen von ihm, in denen er die Erkrankung dafür preist, dass sie ihn aus dem bürgerlichen Leben und Beruf herausgelöst habe. Durch sie habe er die Chance bekommen, ohne Zeitbegrenzung nachdenken zu dürfen und jene Wahrheiten zu finden, die seiner prekären Existenz Sinn und Wert verliehen.

Ähnliche tapfere Kommentare gibt es von prominenten Patienten mit schwersten Erkrankungen wie Sigmund Freud, Franz Kafka und Karl Jaspers. Man möchte allen Patienten mit chronischer Krankheit wünschen, dass sie solche Zuversicht und ein Festhalten am Leben erlernen.

Eine analoge Form von Hingabe wird vom behandelnden Arzt gefordert. Die Gefahr liegt heute nahe, dass er sich als Gesundheitstechniker versteht, der mit dem wundervollen Apparat der modernen Heilmittel und Therapiemöglichkeiten einen eher unpersönlichen Kampf gegen die Krankheit aufnimmt. Das kann und wird in vielen Fällen zwar erfolgreich sein, aber im Prinzip schöpft es nicht die Dimensionen des Arztseins aus.

Der ungarisch-englische Psychoanalytiker Michael Balint hat um 1950 ein Buch mit dem Titel *Der Arzt, der Patient und die Krankheit* veröffentlicht. Darin sprach er davon, dass die Patienten oft zur Therapie gehen, weil sie im Grunde von der Droge Arzt profitieren wollen. Der Letztere heilt nicht nur mit seinen Medikamenten, sondern auch mit dem Einsatz seiner Persönlichkeit, welche die Kranken aufrichtet, ermutigt und moralisch stützt.

Das kann der Mediziner jedoch nur, wenn er seine Persönlichkeit ebenso sehr entwickelt wie seine Fachkenntnisse. Dann wird er im Rahmen seiner Möglichkeiten auch eine Beziehung zu seinen Patienten aufnehmen, die mehr ist als nur sachliche Zusammenarbeit. Allerdings kann auch der Arzt nicht mehr geben, als er hat. Man ist darauf angewiesen, dass er durch die Zufälle seiner Sozialisation und Schicksale, seiner Ausbildung und Fortbildung auf den Faktor Person aufmerksam geworden ist und sich lebenslang um dessen Entfaltung bemüht.

Abschließende Betrachtung Das führt uns zu einer abschließenden Betrachtung zum Thema Hingabe. Wir haben bereits angedeutet, dass das eigentliche Ziel des Menschenlebens die Personwerdung ist. Der Mensch ist darauf angelegt, Persönlichkeit in sich reifen zu lassen. Aber der Weg dahin ist steil und schwer zugänglich.

Die Philosophie der Neuzeit hat uns gelehrt, dass der Wert eines Menschenlebens gebunden ist an die Ziele und Zwecke, auf die es sich ausrichtet. Nur indem der Mensch hohe und höchste Werte anstrebt, kann er menschlichen Rang und Würde erreichen. Hier gelangt das Moment der Hingabe in seine zentralen Bereiche. Um es kurz auszudrücken:

> Es ist wünschenswert, dass jedermann versucht, sich an Werte von Vernunft, Humanität, Fortschritt und Freiheit hinzugeben. Allein auf diese Weise kann er wahrhaft Person werden.

In diesem Begriff ist alles versammelt, was wir weiter oben unter den nützlichen und hilfreichen Aspekten des Sich-Hingebens beschrieben haben. In gewisser Weise kulminiert unsere Betrachtung im Postulat, dass Person-Sein und Person-Werden die Hauptsache für die menschliche Existenz ist.

Somit verwandelt sich jede Anweisung zum Erlernen der Hingabe in einen Appell zum Aufbau der Persönlichkeit. Wir haben gesagt, dass im menschlichen Seelenleben der Teil und das Ganze in enger Wechselwirkung stehen. Man darf daher nicht glauben, eine Teilfunktion verbessern zu können, ohne die Totalität mit zu entwickeln. Wie derlei mit Selbsterziehung und Bildung verknüpft ist, können wir an dieser Stelle nicht beschreiben. Kultur jedenfalls ist das Lebenselement, in welchem die Personalität zum Wachsen und Blühen gelangt.

Literatur

Goethe JW (2007) Wie Du mir so ich Dir. In: Sämtliche Gedichte. Insel, Frankfurt am Main (Erstveröff. 1815)

Mut

Im Jahre 1770 saß in einer Straßburger Pension eine Gruppe von Intellektuellen bei Tisch und erwarteten ihr Mahl. Darunter war ein materiell bedürftiger Medizinstudent, der später als Augenarzt und im vorgerückten Alter als Geisterseher (Spiritist) berühmt werden sollte. Es handelte sich um Heinrich Jung-Stilling, dessen Autobiographie noch Friedrich Nietzsche mit bewundernden Worten erwähnte. Die Gesellschaft wurde überrascht durch einen Neuankömmling, von dem Jung-Stilling in seinen Erinnerungen Folgendes mitteilte:

» Besonders kam einer mit großen hellen Augen, prachtvoller Stirn und schönem Wuchs mutig ins Zimmer. Dieser zog Herrn Troosts und Stillings Augen auf sich; Ersterer sagte gegen den Letzteren: »Das muss ein vortrefflicher Mann sein.« Stilling bejahte das, doch glaubte er, dass sie beide viel Verdruss von ihm haben würden, weil er ihn für einen wilden Kameraden ansah. Dieses schloss er aus dem freien Wesen, das sich der Student herausnahm; allein Stilling irrte sehr. Sie wurden indessen gewahr, dass man diesen ausgezeichneten Menschen Herr Goethe nannte … Herr Troost sagte leise zu Stilling: »Hier ist's am besten, dass man vierzehn Tage schweigt.« Letzterer erkannte diese Wahrheit, sie schwiegen also, und es kehrte sich auch niemand sonderlich an sie, außer dass Goethe zuweilen seine Augen herüber wälzte; er saß Stilling gegenüber und er hatte die Regierung am Tisch, ohne dass er sie suchte (Jung-Stilling 1976, S. 263 f.). «

Der mutige junge Mann war niemand anderes als der 21-jährige Goethe, der in Straßburg seine Jurastudien beenden wollte. In Leipzig hatte er Schiffbruch erlitten, da ihn eine gefährliche Erkrankung befiel, die ihn dazu zwang, sich für mehr als ein Jahr ins Elternhaus in Frankfurt zurückzuziehen. Nunmehr genesen wollte er an der Straßburger Universität seinen Doktor der Rechte machen, um seinen Vater zu befriedigen. Daneben gedachte er, Literatur zu betreiben und das Leben zu genießen.

Niemand kann bezweifeln, dass Goethe schon in jungen Jahren ein überaus mutiger Mensch war. Alle Menschen in seiner Nähe waren beeindruckt von seiner erstaunlichen Lebendigkeit, seinem geistigen Reichtum und der Fülle von Lebensimpulsen, die er verschwenderisch ausstreute. Da in der Folge der Mut als Charakterzug einer Analyse unterzogen werden soll, sei hier die Frage aufgeworfen, woran denn Jung-Stilling mit unmittelbarer Intuition diesen Lebensmut des fremden Jünglings erkennen konnte. Gibt es durch primäre Anschaulichkeit diagnostische Möglichkeiten, diese Qualität an einem Menschen einzuschätzen? Wir meinen dies bejahen zu können, wenngleich Irrtümer wie bei jeder Diagnostik vorkommen.

- **Wie ist Mut erkennbar?**

Mutige Menschen haben offenbar einen aufrechten Gang, eine eher straffe Körperhaltung, mit der sie der Umwelt signalisieren, dass sie sich nicht unterkriegen lassen. Ihr Gang ist meistens raumgreifend; sie schreiten in die Welt hinein, als ob diese ihr Besitz wäre. Der Kleinmut jedoch äußert sich im gedrückten Gang und in einer Haltung, durch die sich der Leib unwillkürlich verkleinert.

Auch der Blick des Mutigen ist charakteristisch. Er sucht den Mitmenschen und ist von vornherein kommunikativ. So kann das Auge sprechen, bevor man den Mund auftut. Mehr als alle anderen Organe des Körpers ist das Auge ein Spiegel der Seele.

Des Weiteren ist die Stimme eines Menschen fast wie ein Seismograph seines Lebensmutes. Mutige Menschen haben eine offene, verständliche, gewinnende und freimütige Sprechweise. Angstcharaktere jedoch sprechen undeutlich, leise und zurückhaltend.

Sogar die Haut eines mutigen Menschen ist anders als diejenige des Ängstlichen: Sie ist besser durchblutet und kündigt daher Lebendigkeit an. Manche Autoren sind der Meinung, dass der Knochenbau des Tapferen stärker und robuster ist als beim Kleinmütigen.

Wir befassen uns in der Folge nur wenig mit der Physiologie, Anatomie und Physiognomik des Mutes, wohl aber mit seiner Charakterologie, Strukturpsychologie und tiefenpsychologischen bzw. psychotherapeutischen Bedeutung.

Jeder Menschenkenner und Tiefenpsychologe wird zugeben, dass Mut und Tapferkeit exquisite Merkmale der psychischen Gesundheit sind. Andererseits ist es charakteristisch für psychopathologische Zustände bei Neurosen, Psychosen, Charakteranomalien und Suchtkrankheiten, dass in ihnen die Mutlosigkeit bedeutsam hervortritt. Seelisch kranke Menschen haben wenig oder gar keine Hoffnung, ihre Lebensziele zu erreichen. Sie sind von Resignation, Lebensangst und Kleinmut erfüllt. Darum muss jede Psychotherapie danach trachten, den Lebensmut des Patienten aufzubauen und zu bestärken. Im Maße, wie das gelingt, kann Heilung zustande kommen.

Aber schon bezüglich der Frage, was Lebensmut sei, ist nicht leicht eine Einigkeit zu erzielen. Naive Menschen werden bei der Erwähnung dieses Wortes eventuell an Beispiele von militärischer Tapferkeit denken. Gerade diese jedoch hat vermutlich mit echtem Mut wenig zu tun. Heldentaten im Kriege werden eher durch Dressur und verinnerlichten Drill, Einfluss von Massenreaktionen und allenfalls durch Lebensverachtung hervorgerufen. In nicht seltenen Fällen können sie einen larvierten Selbstmordversuch bedeuten. Wir bevorzugen daher folgende Definition für unsere nachstehenden Erörterungen:

❯❯ **Mut ist die Eigenschaft, mittels derer Menschen sozial und kulturell schwierige Leistungen zustande bringen.**

Das *Etymologische Wörterbuch der deutschen Sprache* von Friedrich Kluge erwähnt im Zusammenhang mit der Vokabel »Mut« die Wort- und Sinnbedeutungen:

❯❯ Kraft des Denkens, Empfindens und Wollens; Sinn, Seele, Geist; Gemütszustand, Stimmung, Gesinnung; Gedanke einer Tat, Entschluss, Ab-

sicht; aufgeregter Sinn, Zorn; starke Seelenstimmung, heftige Erregung; streben, und zwar mit heftigem Willen; heftig verlangen; wohlgemut; Gemüt als Gesamtheit der Gedanken und Empfindungen (Kluge 1967, S. 496). ❮❮

7.1 Strukturpsychologie contra psychologischer Atomismus

Gegen Ende des 19. Jahrhunderts untersuchte man viele seelische Eigenschaften des Menschen atomistisch; man isolierte sie vom psychischen Gesamtbefund und von anderen Qualitäten. Wilhelm Dilthey (1833–1911) opponierte gegen diese Betrachtungsweise: Er forderte die Berücksichtigung der strukturellen Eigenschaften des Psychischen. Alles Seelische steht in einem inneren Zusammenhang und hat Gefügemerkmale. Es ist in sich gegliedert, wobei die Teile einander bedingen und zwischen Teil und Ganzem ebenfalls Abhängigkeiten bestehen.

In diesem Sinne kann Mut in einer Menschenseele nur entwickelt werden, wenn auch andere Qualifikationen zum Tragen kommen und der seelische Gesamtzustand die Ausbildung einer solchen Eigenschaft begünstigt. Die Struktur- oder Ganzheitspsychologie beschäftigt sich mit solchen Persongefügen, die zum Verstehen des Menschen viel lehrreicher sind als isolierte und isolierbare Befunde. Die Tiefenpsychologie ist seit ihren Anfängen ganzheitspsychologisch orientiert. Vor allem die Individualpsychologie Alfred Adlers hat Seelisches auf diese Weise gedeutet.

Vitalität Gewiss gründet der Mut im Aktivitätsgrad eines Menschen, in seiner Vitalität und damit auch Handlungsfähigkeit. Sind die vitalen Ressourcen eher karg, werden wir kaum große Mutproben von dem Betreffenden erwarten dürfen. Andererseits kann der Mut vorhandene Vitalitätsquellen fördern und steigern. Diese Wechselbeziehung findet zwischen allen Strukturelementen des Mutes statt.

Beziehungsfähigkeit Eigenschaften wie Urvertrauen, soziale Geborgenheit und Gemeinschaftsinteresse erhöhen ebenfalls den Mut. Wer in tragfähige Beziehungen zu seinen Mitmenschen eingebunden lebt, hat innere Sicherheit. Er wird nicht leicht das Opfer von Furchtsamkeit und Angst. Aus seiner Zuwendung zur sozialkulturellen Lebenswelt gewinnt er Stärke und Zuversicht, die sich in das Ertragenkönnen von Schwierigkeiten umsetzen. Innerlich vereinsamte und abgekapselte Menschen sind kaum je mutig. Beziehungsfähigkeit ist ein unentbehrliches Ingrediens jedes tieferen Lebensglaubens und damit auch aller Tapferkeit.

Arbeitsfähigkeit Arbeitsfähigkeit entspringt dem Mut und kräftigt ihn. Wer arbeiten kann, vermag sich, wenn es die wirtschaftlichen Verhältnisse zulassen, selbständig zu ernähren. Er leistet einen Beitrag zur allgemeinen Wohlfahrt, was seine Selbstachtung stützt. Darum ist Arbeitslosigkeit so entmutigend, weil sie mit materieller Abhängigkeit und oft auch mit dem Verlust der Selbstachtung verbunden ist. Je schöpferischer die Tätigkeit ist, umso mehr Mut erfordert sie und umso mächtigeren Gewinn an Selbstwertsteigerung trägt sie ein. Der mutige Mensch kann Hindernisse überwinden und bringt die Geduld auf, sich mit den vorhandenen Schwierigkeiten echt und aktiv auseinanderzusetzen.

Liebesfähigkeit Liebesfähigkeit ist ermutigend. Schon das Geliebtwerden schafft in der Regel Mut; aber dieses stellt sich meistens nur dann befriedigend ein, wenn wir selbst liebesfähig sind. Der liebende Mensch steht fest in einer werterfüllten Welt. Seine Grundstimmung ist überwiegend optimistisch, und die Zukunft erscheint ihm in einem freundlichen Licht. Nach Max Scheler liebt sich der Mensch hinauf: Durch unsere Liebe entwickeln wir uns weiter und legen an Selbstachtung oder Wert zu. Auch in äußersten Notlagen verliert der Liebesfähige kaum seinen Mut.

Befriedigende Sexualität Die sexuelle Funktionstauglichkeit steigert die Selbstbewertung und damit den Lebensmut. Wer über sexuelle Anpassungsschwierigkeiten nicht hinwegkommt, neigt im Allgemeinen zu einer kleinmütigen Sicht. Er wird auch in anderen Lebensbereichen ängstlicher sein als jener, der im sexuellen Beisammensein volle Befriedigung erlangt.

Geduld Ein enger Zusammenhang besteht zwischen Mut und Geduld. Der Geduldige kann mutig sein, und der Mutige ist geduldig. Fritz Künkel hat diese Doppeleigenschaft im Begriff des Spannungsbogens zusammengefasst. Alle wesentlichen Kulturleistungen erfordern diesen Spannungsbogen, in den vitale und psychische Kräfte eingehen. Ungeduldige Menschen darf man in der Regel von vornherein als mutlos einstufen. Sie zeigen durch die für sie eigentümliche Fahrigkeit, dass sie nicht an sich selbst und das Gelingen ihrer Absichten glauben.

Kardinaltugenden Über ein bedeutendes Strukturwissen hinsichtlich des Mutes verfügte bereits Platon, in dessen Philosophie die Kardinaltugenden von Mut, Besonnenheit, Gerechtigkeit und Weisheit abgehandelt werden. Diese vier Tugenden sind offenbar koexistent; wo die eine vorhanden ist, sind die anderen mitentwickelt und in irgendeiner Weise disponibel.

Für Platon sind Tugenden Tüchtigkeiten der Seele. Im Erwerb dieser Tauglichkeiten liegt inbegriffen das richtige Wissen, durch das allein der Mensch tugendhaft sein kann. Wenn auch die Weisheit als die höchste Tugend definiert wird, lässt Platon keinen Zweifel darüber, dass ein menschenwürdiges Leben ohne Mut, Gerechtigkeit und Besonnenheit nicht geführt werden kann. Weise wird nur jener, welcher die anderen drei Eigenschaften ausgiebig in seinem Leben praktiziert.

Transzendieren In der Nähe des Mutes befinden sich Eigenschaften wie Wachstumsbereitschaft,

Entwicklungswille und Wandlungsfähigkeit. Diese Eigenschaftstrias tritt in der Existenzphilosophie unter dem Titel des Transzendierens auf. Das Wort bedeutet in diesem Falle Überschreiten, ein Hinausgehen über die jeweiligen Grenzen und Begrenzungen der Persönlichkeit. Wann immer derlei stattfindet, wird der Mensch mit seiner Daseinsangst konfrontiert. Er überwindet diese Ängstlichkeit durch den Mut, der somit der Motor der lebensimmanenten Transzendenz ist.

Das Gegenteil des Transzendierens ist die Verkapselung oder die Verschlossenheit. Jean-Paul Sartre nennt diese Haltung die Ursünde des Menschen. Denn wir sind in die Welt gesetzt, um in ständig wachsenden Ringen immer mehr Menschen und Dinge an uns herankommen zu lassen bzw. uns für sie zu öffnen. Nur der Mutige wagt dieses Geöffnetsein der Person; der Ängstliche zieht sich in sich selbst zurück. Damit gibt er alle Entwicklung und Reifung auf und bleibt steril. Entwicklungsunfähigkeit ist ein anderes Wort für Neurose.

Innenlenkung An mutigen Menschen bemerkt man ein Phänomen, welches der Soziologe David Riesman die Innenlenkung (s. hierzu Riesman 1956) nannte. Der Mut befähigt den Menschen, sich sowohl der Außenlenkung als auch der Macht der Tradition entgegenzusetzen. Wir stehen ständig unter dem Druck des Kollektivs und der öffentlichen Meinung, die uns zwingen oder dazu verführen, unser Inneres und unsere wahrhaften Bedürfnisse zu verleugnen. Nur mit großer Tapferkeit und Selbständigkeit gelingt es, die Stimme des eigenen Selbst zu vernehmen und ihr zu folgen. Die meisten Menschen leben infolge ihrer Ängstlichkeit in einer Art permanenter Selbstentfremdung.

Selbstüberwindung Der Mut ringt nicht nur mit der Welt; er ermöglicht auch die Selbstüberwindung. Diese gilt seit jeher als ein ethisches Urphänomen. Im Sieg über sich wächst der Mensch über sich hinaus. René Descartes (1596–1650) äußerte sogar die beherzigenswerte Maxime: »Besser sich selbst als die Welt besiegen!«

Heiterkeit Ein weiteres Grundmerkmal des Mutes ist in der Stimmung der ernsten Heiterkeit oder der heiteren Ernsthaftigkeit gegeben. Diese scheinbar paradoxe Eigenschaftskombination ist nicht so widersprüchlich, wie sie auf den ersten Blick hin erscheinen mag. Vermutlich gedeiht jede echte Lebensfreude auf dem Hintergrund eines seriösen Realitätsverhältnisses, und die wahre Beziehung zur Wirklichkeit wird stets von einer Haltung des Lebensernstes getragen sein.

In der Heiterkeit oder Freude liegt das Bewusstsein innerer und äußerer Freiheit. Wer sich frei fühlt, erkennt für sich und seine Mitmenschen Möglichkeiten, die ergriffen werden können. Der mutige Mensch ist dadurch gekennzeichnet, dass er auch dort noch mögliche Selbst- oder Wertverwirklichung sieht, wo sein kleinmütiger Mitmensch nur Blockaden und Hemmschuhe konstatiert.

Mut ist immer auch Mut zur Zukunft und zum Überschreiten gegenwärtiger Verhältnisse in Richtung auf mehr Freiheit und Humanität. Wer diese Kraft in sich spürt, neigt zur Heiterkeit, die mit offenen Horizonten verbunden ist. Sartre sagt lapidar: »Die Erkenntnis der Freiheit durch sich selbst nennen wir Freude.« Andererseits wird immer derjenige freudlos sein, der sich unfrei weiß oder glaubt.

Geistige Funktionen Der Lebensmut eines Menschen ist mit seinen geistigen Funktionen eng verschwistert. Es handelt sich hierbei um Denken, Fühlen, Wollen und Phantasieren. Alle diese geistigen Kräfte erfordern zu ihrer Ausbildung und Betätigung eine mutige Grundstimmung sowie eine Haltung der echten Auseinandersetzung mit dem Leben und seinen Problemen. Der Mutlose denkt nicht, sondern gibt sich Wunschträumen und Illusionen hin. Er lebt eher in Affekten als Gefühlen. Letztere sind im Grunde

Werterkenntnisse, also Konkretisierungen des Eros und der Selbstwertsteigerung. Auch Wille und Phantasie sind im entmutigten Menschen eigentümlich abgewandelt. Anstelle von Wollen tritt das Wünschen, und die Phantasietätigkeit entbehrt des Schöpferischen, da sie hauptsächlich von Begierde und Sicherheitsbedürfnis gespeist wird.

Hingabefähigkeit Ein letzter Aspekt des Mutes ist für uns die Hingabefähigkeit. Man muss sich selbst besitzen und in sich ruhen, um sich an ein Du hingeben zu können. Mutlose Menschen leiden allemal an Hingabeangst. Nach einem Wort von Harald Schultz-Hencke (über den Zwangscharakter, s. Schultz-Hencke 1969, S. 285 ff.) fürchten sie die Hingabe, als ob sie Hergabe wäre. Je tapferer einer im Leben steht, umso eher ist er bereit, sich einem geliebten Menschen anzuvertrauen. In der Hingabe wächst der Mut zum echten Selbstsein.

7.2   Mut zum Selbstsein

Im Zentrum aller erwähnten Struktureigenschaften steht der Mut zum Selbstsein, also zum Aufbau eines Selbst und zum Festhalten an ihm, ungeachtet aller gesellschaftlichen Repressionen und Manipulationen, denen man ausgesetzt ist. Aus dieser Konstellation heraus erwächst die Ich-Stärke, von welcher die Tiefenpsychologie spricht.

Die Idee des eigentlichen Selbstseinkönnens als Grundlage von Lebensmut und Lebensgestaltung spielt eine erhebliche Rolle in der Existenzphilosophie. In Martin Heideggers *Sein und Zeit* (1927) sind breite Kapitel dem spezifischen Selbstsein gewidmet. Es wird ausgeführt, dass das Dasein (der Mensch) zunächst und zumeist in der Form des Man-selbst-Seins existiert. Das Kollektiv hat vom Individuum bereits Besitz ergriffen, noch bevor dieses zum Bewusstsein seiner selbst gelangen konnte.

Das Man-selbst-Sein wird dem Menschen nicht nur von außen aufgezwungen – es stellt auch eine innere Verlockung dar. Zu denken, wie jeder denkt; zu fühlen, wie jeder fühlt; sich zu verhalten, wie jeder sich verhält: All dies bedeutet eine ungeheure Entlastung angesichts der drückenden Verantwortung, die jedes authentische Selbstsein mit sich bringt.

Nach Heidegger tauchen die Menschen so gerne im Massendasein unter, weil sie sich dadurch mächtiger fühlen und die Eigenständigkeit vermeiden können. Auf sich selbst Gestelltsein ist stets von der Grundstimmung der Angst untermalt. Die Menschen weichen der Verängstigung aus und leben lieber in der alltäglichen Entfremdung, wo es keine wesentlichen Entscheidungen gibt und der Mut nicht bis zum Äußersten herausgefordert wird.

Heideggers *Sein und Zeit* ist unter anderem auch ein Traktat bezüglich der Selbstwerdung der Person. Hinter den abstrakten Formulierungen des genannten Textes fibriert ein Moralistenanliegen: Wir sollen die Versuchungen des Man von uns weisen. Auch Jean-Paul Sartre kreist in seinen philosophischen Texten, seiner Prosa und seinen Theaterstücken um diese Thematik.

Die Selbstentfremdung durch religiöse Erziehung und Beeinflussung, staatliche Bevormundung und Zugehörigkeit zu Cliquen, Kasten und Parteien ist massiv und relativ leicht erkennbar. Es gibt aber auch die feinere Unterwanderung des Selbst durch Mitmenschen, Moral und öffentliche Meinung. Das »social me« (wie es im angelsächsischen Literaturbereich heißt) beherrscht unser Seelenleben bedeutend mehr, als wir ahnen. Nur mit Hilfe von langwieriger Selbstbefreiung kann man ein »personal me« gewinnen.

Der Mut zum Selbstsein ist demnach ein seltenes Phänomen. Viel häufiger findet man die Karikatur davon, nämlich Sturheit und Eigensinn, die ihre Hauptkraft aus irgendeiner Gegenposition, einem »Anti« beziehen. Wer sein eigenes Selbst schaffen und behaupten will, ist kein

Berufsoppositioneller, der im Nein-Sagen sein Genügen findet.

> ❯ Die Aufgabe des authentischen Selbstwerdens ist eigentlich die zweite Geburt des Menschen. Biologisch kommt man ohne eigenes Zutun zur Welt. Wer ein Selbst werden will, muss diese Sekundärgeburt selbst leisten durch Vernunft, freie Taten sowie Akte der Liebe und Hingabe.

7.3   Ontogenese des Mutes

Für den Tiefenpsychologen und Psychotherapeuten ist es wichtig, sich darüber Rechenschaft abzulegen, wie Lebensmut oder Ängstlichkeit lebensgeschichtlich entstehen und sich entwickeln. Daraus lassen sich therapeutische Maßnahmen und Verhaltensweisen ableiten. Darüber hinaus versteht man den Patienten erst genau, wenn man weiß, wie es zu seinem eventuellen Mutdefizit und den daraus folgenden Lebenskomplikationen kam.

Wir können davon ausgehen, dass jedes Menschenkind bei seiner Geburt ein Anfangskapital an Mut mitbringt. Dieser zeigt sich im kindlichen Wachstum und Entwicklungsbedürfnis. Die Art, wie die kleinen Kinder sitzen, gehen, stehen, sprechen und Beziehung aufnehmen, ist unverkennbar von einem originären »élan vital« gespeist, den wir mit Mut gleichsetzen können. Kleine Kinder lassen sich nur wenig entmutigen, wenn ihnen etwas nicht auf den ersten Anhieb gelingt. Sie sind unermüdlich bestrebt, ihre Lebensfunktionen zu entfalten.

Starke Impulse der Ermutigung strömen auf das Kind ein, wenn es in eine Atmosphäre der Liebe, des Verstehens und der Geborgenheit hineinwächst. Eine solche Empfangswelt kann das Urvertrauen im kindlichen Seelenleben fest verankern. Je mutiger die Eltern selbst im Leben stehen, umso mehr können sie im Kinde Lebens-

mut induzieren. Ängstliche Eltern hingegen erzeugen ängstliche Kinder; dasselbe gilt für Paare, die in permanenter Frustration oder Aggression leben. Das kindliche Seelenleben ist so zart und verletzlich, dass alle Misslichkeiten des Milieus zu Entwicklungshemmungen führen.

Man erkennt ein mutiges Kind unter anderem daran, dass es den Weg von der Mutter zum Vater und zu etwaigen Geschwistern findet. Wird ein Kind zu sehr an eine verwöhnende oder ängstliche Mutter gebunden, kann es nicht in die Mitwelt expandieren; es verharrt angstvoll bei der verzärtelnden Beziehungsperson.

Entwicklungsrückstände und Verhaltensstörungen im Kindesalter (z. B. Bettnässen, nächtliche Angst, Nägelbeißen, Daumenlutschen, Trotz und Sprechhemmungen) zeigen an, dass das Kind bereits mutlos ist und seine sozialen Aufgaben nicht lösen kann. Das sind Warnsignale, die darauf hindeuten, dass die soziokulturelle Integration blockiert ist.

> ❯ Zum Mutpensum eines Kindes gehört, dass es aus der Familie herausstrebt, Freunde gewinnt und in der neutralen Atmosphäre des Kindergartens spielen und kooperieren lernt. Unverträgliche und schlecht spielende Kinder sind verängstigt, auch wenn sie sich frech und aggressiv gebärden.

Ob wir es mit Mut oder Lebensangst bei einem Menschen zu tun haben, erkennen wir vor allem an den Schwellensituationen des Lebens. Das Menschenleben ist wesensmäßig Wachstum und Entwicklung von der Geburt bis zum Tode. Jeder Wachstumsschub wird besonders gefordert durch natur- oder kulturgegebene Schwellen, über die man hinweg schreiten muss, um das eigene Selbst aufzubauen.

Schwellensituationen sind die Geburt anderer Kinder, der Eintritt in Kindergarten und Schule, Wechsel von Schule oder Wohnort, Erkrankungen, Abwesenheit vom Elternhaus, Erwachen des Sexualtriebes, Pubertät, erste Liebe,

Berufswahl, Partnerschaften, Ehe, Berufswechsel, Geburt eigener Kinder, Lebensmitte, Altersvorgänge und Klimakterium, Trennung von Kindern oder Gatten sowie Vorbereitung auf den Tod.

In diesen und ähnlichen Situationen wird der Mensch einem empfindlichen Belastungstest unterworfen. Es zeigt sich hierbei, ob einer mutig oder ängstlich im Leben steht, auf Schwierigkeiten und Härten vorbereitet ist oder an ihnen strauchelt und umfällt. Jeglicher Mut bekundet sich an der Überwindung von Nöten oder Krisen.

Es gibt einen eigentümlichen Zusammenhang zwischen Lebensmut und Bewältigung von Lebensproblemen: Je mehr Mut man hat, umso besser kann man schwierige Lebensfragen angehen; gelingt aber die schöpferische Lebensgestaltung, ist man mutiger als vorher. Daher werden mutige Menschen im Laufe ihres Lebens noch kühner und tapferer. Die ängstlichen Charaktere verstricken sich immer mehr in ihre Furchtsamkeit, die ihre Aktivitäten bremst. Dies ist ein »Circulus vitiosus«, der oftmals nur durch Psychotherapie oder andere Prozesse der Selbsterkenntnis aufgebrochen werden kann.

Ein Kind muss angemessen darauf vorbereitet werden, sich aktiv und produktiv mit der Realität auseinanderzusetzen. Alfred Adler legte den Akzent auf das soziale und kulturelle Training; werden die Kinder frühzeitig geübt, die Härten der Wirklichkeit in Angriff zu nehmen, erschrecken sie nicht vor Komplikationen, Rückschlägen und Niederlagen. Sie wissen oder spüren, dass zum Menschenleben stets Überwindung und Selbstüberwindung gehört.

Vor allem für die nicht verwöhnten Menschenkinder wird bald deutlich, dass man nicht in ein Schlaraffenland hineingeboren worden ist. Man muss seinen Beitrag zum kollektiven Wohlsein und zum Fortschritt der Menschheit liefern, wenn man nicht zum Parasiten werden will. Mutige Menschen sind immer gemeinschaftsbezogen. Sie sehen die Daseinsnöte nicht nur unter dem Aspekt der persönlichen Belastung, sondern erkennen, dass es das gemeinsame Schicksal der Bewohner dieser Erde ist, mit Krankheit, Not und Todesgefahren zu ringen.

Aus dieser Einsicht ist abzuleiten, dass der Lebensmut parallel mit der Solidarität wächst oder schwindet. Die Hauptfrage der Erziehung besteht darin, wie man das Kind vor allzu großen Entmutigungen bewahrt und seine sozialen Bindungen festigt. Darüber machen sich leider viele Eltern und Erzieher nur wenig Gedanken. Die Folge davon ist, dass unzählige Menschen in tiefe Mutlosigkeit hineingeraten, eventuell an Neurosen, Süchten oder manchen Formen von Psychosen erkranken oder aber zu Erfolglosen in vielen Bereichen der Lebensgestaltung werden.

7.4   Erziehung zur Mutlosigkeit

Die traditionelle Erziehung ist weithin keine Erziehung zum Lebensmut, sondern eher das genaue Gegenteil. Dies rührt daher, dass die Eltern selbst meistens mehr oder minder mutlose Menschen sind und zu wenig darüber informiert sind, wie man richtig und lebensfreundlich erziehen kann.

Alles, was die Selbstachtung des Kindes unterminiert, verhindert den Aufbau von Mut und sozialer Einfügungsfähigkeit. Daraus ergibt sich fast zwangsläufig der Katalog pädagogischer Fehlhaltungen, die entmutigend wirken.

Schon die sozialen, ökonomischen und kulturellen Verhältnisse, die ein Kind vorfindet, beeinflussen die Gestaltung seines Lebensmutes. Kein Zweifel, dass Kinder, die in Armut und Verelendung aufwachsen, keine optimistische Lebensanschauung entwickeln können. Auch Opfer von nationaler, religiöser und rassischer Diskriminierung werden von Seiten der Umwelt entmutigt. Es kann aber bei einer Vielzahl von solchen Widerständen der stumpfen Welt auch ein Charakter herangebildet werden, der als

Kämpfer gegen solche Nöte mehr Mut als der Durchschnitt entfaltet.

Häufig werden Frauen im Patriarchat von vornherein zur Mutlosigkeit erzogen. Die Vorstellungen, die man vom Wesen der Frau hat, sind so negativ, dass schon das kleine Mädchen eine pessimistische Einschätzung seiner Kräfte und Möglichkeiten vornimmt. Uralte religiöse und gesellschaftliche Überzeugungen tendieren dahin, das Frauendasein als Passivität und Abhängigkeit zu definieren. Auf diesem Boden wächst nur verminderte Tapferkeit gegenüber den Lebensschwierigkeiten.

> **Im Rahmen der Familie spielen die Vorbilder von Mutter und Vater eine erhebliche Rolle. Sind die Eltern ängstlich, unbeholfen und kleinmütig, wird ihnen das Kind die Eigenschaften oftmals abschauen und sie großenteils verinnerlichen.**

Auch die üblichen Erziehungsstile sind wenig ermutigend. Man unterscheidet zwischen verwöhnender, harter und strenger sowie liebloser Erziehung. In allen drei Formen ist ein offener oder geheimer Autoritarismus unverkennbar. Die Eltern stellen sich dem Kinde nicht gleich, sondern suchen eine Überlegenheit, die ihre eigenen Minderwertigkeitskomplexe beschwichtigt, aber im Zögling starke Unzulänglichkeitsgefühle und Daseinsangst hervorrufen.

Man hat eben nicht gelernt, sich mit dem Kind zu entwickeln, mit ihm zu reifen und mit ihm zu lernen. Daher bauen viele Mütter und Väter, die im Leben frustriert sind und viele Niederlagen einstecken müssen, im engen Rahmen der Familie ein kleines Reich auf, in dem sie absolut regieren dürfen. Anstatt entwicklungs- und antriebsfreundlich zu sein, übt man Herrschaft über das Kind aus.

Ist das Kind in seinem frühen Lebensalter viel krank, wird es nicht selten ebenfalls zur Mutlosigkeit neigen. Man muss kranke Kinder oft verwöhnen, weil sie in ihrem Zustand schwach und hilflos sind. Das nagt an ihrer Selbstachtung. Sie machen sich ein düsteres Bild von ihrer Kraft und von den Anforderungen des Lebens, wobei dieser Skeptizismus beibehalten wird, selbst wenn Krankheit und Verzärtelung nicht mehr aktuell sind.

Auch die Stellung in der Geschwisterreihe kann entmutigend sein. Kinder, die benachteiligt werden, glauben wenig an sich selbst. Wer im Schatten von geschwisterlichen Rivalen heranwächst, ist leicht anfällig für die unproduktiven Affekte von Neid, Hass, Eifersucht, Trauer und Angst. Trotz und Widerspenstigkeit können zum Ausdruck bringen, dass ein Kind sich schlecht geliebt fühlt und darum das Mitleben und Mittun verweigert.

Die Eltern verstehen in der Regel kaum die innere Not des Trotzigen und reagieren darauf mit verschärftem Erziehungszwang, was die Krisenlage eher zuspitzt. So manche späteren Verwahrlosungen und Lebensfehlschläge beginnen als kindliche Revolte gegen wirkliche oder vermeintliche Benachteiligung, die von den Erziehern nicht gütig beantwortet und darum ins Extrem gesteigert wird.

Selbstachtung, Lebensmut und Intelligenz sind eine Trias, die einen unauflöslichen Zusammenhang besitzt. Mutlose und kleinmütige Kinder können keine soziale Intelligenz entwickeln. Sie mögen vielleicht rationale Funktionsfähigkeit aufbauen, wenn sie entsprechend disponiert sind und derartige Anregungen bekommen. Jene Intelligenz jedoch, mittels derer man den Mitmenschen begreift und sich fühlend und strebend ins kulturelle Leben einordnet, bleibt ihnen weithin fremd. Man kann somit aus dem Grade sozial-kultureller Aktivität und Leistungsfähigkeit ziemlich genau den Lebensmut eines Menschen abschätzen.

> **Kluge Kinder sind mutig, und mutige Kinder werden klug.**

7.5   Lebensmut, Charakter und Neurose

Berücksichtigt man die zentrale Stellung des Mutes im menschlichen Seelenleben, kann man charakterliche Fehlhaltungen und seelische Erkrankungen als Konsequenzen erworbener Mutlosigkeit deuten. Die Individualpsychologie hat in ihrem Schrifttum solche Interpretationen weitläufig dargelegt. Vor allem Alfred Adlers Meisterwerk *Menschenkenntnis* (1927) enthält feinsinnige Charakterstudien, die in diese Richtung weisen.

Charakter bedeutete für Adler eine soziale Stellungnahme, die in der frühen Kindheit auf Grund von zwischenmenschlichen Schicksalen und Erfahrungen zustande kommt. Charakterzüge sind nicht hauptsächlich angeboren oder vererbt; sie sind unter dem Einfluss familiärer Beziehungen erworben und durch biologische Faktoren sowie die Erlebnisverarbeitung des Kindes mitbedingt.

Jedes Kind bringt eine Disposition zur Sozialität mit auf die Welt, aber auch ein tiefes Unzulänglichkeitsgefühl, das aus der Schwäche des Kindes, seiner Unreife und seinem langen und schwierigen Entwicklungsweg resultiert. Wird diese fragile Selbsteinschätzung durch erzieherische Traumatisierungen und Entwicklungsnöte zum Minderwertigkeitskomplex vertieft, entfaltet sich über der entstehenden Werdenshemmung ein charakterlicher Überbau, in dem Angstvermeidung und Überlegenheitstendenzen zu dominieren pflegen.

Der Charakter wird zu einem Sammelsurium von Gewöhnungen und Bereitschaften, mittels derer die Einfügung in die Mitwelt sabotiert wird. Mutlose Menschenkinder neigen zur Ausbildung trennender Charakterzüge, die Kampf oder Flucht in Bezug auf den Mitmenschen ermöglichen. Das Verstehen solcher Charakterbildungen ist ein Schlüssel zur gesamten Psychopathologie, aber auch zu den Verwirrungen und Nöten des Alltagslebens.

Aktive Mutlosigkeit zeigt sich nach Adler in Charakterzügen wie Ehrgeiz, Eitelkeit, Eifersucht, Neid, Geiz, Wut und Zorn, Hass und Aggression. Passive Mutlosigkeit ist erkennbar in Eigenschaften wie Schüchternheit, Angst, Depression, Distanziertheit, übertriebenem Gehorsam, Untertanengeist, Frömmigkeit und Konformismus. Für den psychologischen Laien ist es nicht leicht, diese Gedankenkonstruktionen nachzuvollziehen. Und doch kann nach einiger Überlegung auch ein skeptischer Geist von der Richtigkeit dieser Lehre überzeugt werden.

Ehrgeizige Menschen können zwar nach außen hin mutig wirken, aber ihr oft besessenes Streben nach Leistung und Erfolg lässt erkennen, dass sie zutiefst an sich zweifeln und sich bei den Mitmenschen nicht geborgen fühlen. Daher streben sie über die anderen hinaus und wollen mehr sein und gelten als sie. Sie fühlen sich erst sicher, wenn sie an der Spitze stehen. Da aber eine Spitzenposition stets gefährdet ist, kann man in ihr kaum Ruhe finden.

Noch größer ist die Mutlosigkeit beim Narzissten. Er will mehr scheinen, als er ist. Er überredet gewissermaßen die anderen dazu, ihn zu bewundern und ihm zu applaudieren: Dann kann er selbst auch an sich glauben. Er ist aber in seiner Eitelkeit so selbstentfremdet, dass nur kontinuierliche Zustimmung von außen seine prekäre Selbstachtung stützt.

Wer eifersüchtig ist, hat Angst davor, die Liebe seines Partners zu verlieren. Anstatt nun durch liebendes Verhalten um dieses Du zu werben, verlegt sich der Eifersüchtige auf Klagen und Anklagen, welche die emotionale Beziehung arg belasten. Nur mutlose Menschen fallen einer (unbegründeten) Eifersucht anheim. Der Mutige weiß zwar, dass er seinen Partner an einen Rivalen verlieren kann; er hat aber die Kraft zum Glauben an die eigene Liebenswürdigkeit, mittels derer er das Du an sich bindet.

Auch bei Neid, Geiz, Wut, Zorn, Hass und Aggression ist die allgemeine Mutlosigkeit mit den Händen zu greifen. Der Neidische sieht beim anderen mehr Glück, Erfolg und Besitz. Er strengt sich aber nicht an, um durch eigene Aktivität mit den beneideten Mitmenschen gleichzuziehen, sondern begnügt sich mit seinem destruktiven Affekt, der vor allem das Unglück des anderen und seine Mangelsituation herbeisehnt. Anstelle von eigenem Produktivsein tritt die Selbstvergiftung durch ein ständiges sich Vergleichen, das nirgendwohin führt.

Mit Wut, Zorn und Hass reagieren kleinmütige Menschen, die ihre geringen Selbstwertgefühle durch Aggression überspielen. Derlei Affekthaltungen muten den oberflächlichen Betrachter als Ausdruck von Kraft und Stärke an. Sie sind aber Schwächedemonstrationen, die durch Schauspielerei überdeckt werden. Kraftvolle Charaktere haben es nicht nötig, sich mit Affektgetöse durchzusetzen. Sie können mit Ruhe und Geduld ihren Willen bekunden.

Viel deutlicher ist der Kleinmut bei den passiven Manifestationen von sozialer Isoliertheit zu sehen. Schüchterne Menschen zeigen uns von weitem, dass sie nicht viel Selbstvertrauen haben und sich kleiner und unbeholfener einschätzen als die Mitwelt. Wer Angst hat, kann nicht mutig sein; denn Ängstlichkeit ist die radikale Gegenposition zum Mut. Dasselbe gilt für traurige Charaktere, die klagend und anklagend durchs Leben wandern. Gehorsam, Untertanengeist und Konformismus schließlich gedeihen auf dem Boden der Verängstigung, die oft das Ich zum Abklatsch seiner Umgebung macht.

7.6 Mutlosigkeit und Verdrängungen

In psychoanalytischer Sicht lässt sich das Fehlen des Mutes auch in Zusammenhang bringen mit dem Vorhandensein von Verdrängungen, die bei allen psychopathologischen Zuständen eine überragende Rolle spielen. Die Verdrängung entspringt allemal einer gewissen Furchtsamkeit des Ich. Das Ich zieht sich in seiner Angstanfäl-

ligkeit vor inneren wie vor äußeren Gefahren zurück und konstelliert damit ein »inneres Ausland« sowie daraus folgend eine Einschränkung seines Aktionsbereiches.

Die Daseinsanalyse von Medard Boss (1903–1989) betont, dass das Objekt der Verdrängung nicht nur unakzeptable Triebe und unangenehme Erinnerungen sind, sondern ganze Wirklichkeitsbereiche, welche das kleinmütige Ich nicht wahrhaben und mit denen es sich nicht auseinandersetzen will.

Wie auch immer man die Verdrängung interpretieren will: Es besteht kein Zweifel, dass sie dem Ich viele Wachstumsmöglichkeiten verbaut, denn Wachsen und Sich-Entwickeln sind gebunden an weitgehend uneingeschränkte Anerkennung der Realität, und zwar gerade in ihren zunächst furchteinflößenden und eventuell sogar abstoßenden Bestandteilen.

Hat man nun infolge ungünstiger Sozialisation und Triebschicksalen ein hohes Maß an Verdrängungen, lebt man gewissermaßen auf einem Vulkan. In bestimmten Lebenssituationen (Versuchungen und Versagungen nach Harald Schultz-Hencke, s. Schultz-Hencke 1969, S. 252 ff.) wird dieses Verdrängte evoziert und kann unter Umständen durchbrechen. Das erzeugt beim betroffenen Individuum Panik und möglicherweise den Zusammenbruch von Ich-Strukturen.

Der Ausbruch von Neurosen und Psychosen ist nicht selten durch eine jähe Konfrontation mit dem gewaltsam unterdrückten Seelenanteil verbunden. Daher hat die psychoanalytische Behandlungsmethode seit ihren Anfängen die maßvolle Aufhebung von Verdrängungen zu ihrem Programm gemacht. Assimiliert der Mensch sein verdrängtes Seelenleben oder den ausgeblendeten Wirklichkeitsanteil, wird sein Ich reicher, flexibler und gesünder.

Die Entstehung der Psychoanalyse bestätigt diese These. Als Freud daranging, seine Lehre aufzubauen, erforschte er nicht nur unbefangen das Seelenleben seiner Patienten, sondern auch sich selbst. Mit Hilfe seiner Traumdeutung stieg er in die Tiefen des eigenen Selbst hinab, befreite untergegangenes Seelenmaterial aus der Verdrängung und erwarb eine annähernd lückenlose Erinnerung an die bedeutsamsten Vorfälle aus seiner eigenen Werdensgeschichte.

Wie er bekannte, war es vor allem sein moralischer Mut (mehr noch als seine Intelligenz), der ihn dazu befähigte, zum Begründer der neuen Seelenwissenschaft zu werden. Wäre Freud ein konventionell denkender, überangepasster oder standesbewusster Psychiater gewesen, hätte er niemals den abstrusen Erzählungen seiner Patienten sein Ohr geschenkt und die merkwürdigen Bilder seines eigenen Traumlebens einer Interpretation unterzogen.

Bekanntlich musste er hierbei dem prüden, viktorianisch gesinnten Publikum ziemlich unangenehme Bekenntnisse machen, auf die sich die uneinsichtige Kritik in primitiver Weise stürzte, um den Schöpfer der Psychoanalyse moralisch zu verunglimpfen. Nichtsdestotrotz konnte sich Freud durchsetzen, und seine Gedankenschöpfung revolutionierte die Welt.

Als er die eigenen Verdrängungen erfolgreich bekämpfte, wurde Freud zum Psychoanalytiker. In seinen späteren Schriften bescheinigte er den Künstlern, dass es in ihrem Wesen liege, weniger Verdrängungen zu haben als der mittlere Mensch. Darum könnten sie ziemlich frei mit ihrem Unbewussten in Kontakt treten, wodurch sie zu Einsichten gelangen, die dem Normaltypus und Verdrängungscharakter verschlossen sind.

Man sieht hier eine Übereinstimmung zwischen Kunst und Psychotherapie: Die schöpferischen Kräfte des Künstlers sind gebunden an seinen Mut, der Verdrängungen unnötig werden lässt. Der Therapeut macht seinen Patienten tapferer und produktiver, indem er das Verdrängungsunwesen in ihm und in sich selbst reduziert. Das Geschehen hierbei ist unzweifelhaft ein künstlerisches.

7.7   Der mutige Mensch

Der Engländer Samuel Smiles (1812–1904) hat im Jahre 1871 ein Buch unter dem Titel *Der Charakter* publiziert, das in seiner deutschen Übersetzung großen Anklang beim Lesepublikum fand. In einer schlichten Sprache beschrieb dieser Arzt und Journalist jene Charakterzüge und Tugenden, welche den sozialen Wert eines Menschen ausmachen. Selbstverständlich ist auch dem Mut in diesem Buch ein Kapitel gewidmet. Smiles war wie wir der Meinung, dass mutig nur jene sind, die soziale und kulturelle Leistungen zustande bringen. Daher heißt es in seinem Text:

>> Die Welt verdankt ihren mutigen Männern und Frauen sehr viel. Ich denke dabei nicht an den physischen Mut; denn darin kommt die Bulldogge, die doch keineswegs zu den klügsten Hunderassen gehört, dem Menschen mindestens gleich. Jener Mut, der sich in stillem Streben und in Mühen entfaltet, ist wahrlich heroischer als physische Tapferkeit, die durch Titel und Ehren belohnt wird, oder durch Lorbeeren, die zuweilen in Blut getaucht sind. Moralischer Mut charakterisiert den höchsten Grad der Männlichkeit und Weiblichkeit, der Mut, die Wahrheit zu erforschen und auszusprechen, der Mut, gerecht und ehrenhaft zu sein, der Versuchung zu widerstehen, der Mut, seine Pflicht zu erfüllen. Jeder Fortschritt in der Geschichte der Menschheit vollzog sich angesichts großer Hemmnisse und Schwierigkeiten, und es waren unerschrockene, tapfere Männer, die ihn herbeiführten und sicherten, Führer aus dem Reiche der Gedanken. Es gibt fast keine große Wahrheit oder Lehre, die sich nicht ihre öffentliche Anerkennung der Lüge, Verleumdung und Verfolgung gegenüber zu erkämpfen gehabt hätte. Überall, wo ein großer Geist seine Gedanken ausspricht, sagt Heine, ist Golgatha (Smiles o. J., S. 91). **<<**

Smiles war sich im Klaren darüber, dass jeglicher Mut im Mut zum Selbstsein gründet. Wer sich nicht auf die Suche nach dem eigenen Ich begibt, schwebt wurzellos im Raum der Kollektivität. Er wird stets mit der Mehrheit mitlaufen und die eigene Wirklichkeit verfehlen.

An zahlreichen Beispielen aus der Literatur und der Geschichte zeigte Smiles, dass es immer wieder Menschen gab, welche dem Mehrheitszwang ihre persönlichen Auffassungen entgegensetzten und die Konfrontation mit den Majoritäten nicht scheuten.

Nach Smiles erreichen die Mutigen im Leben oft mehr als jene, die bloß klug sind. Eine besondere Form des Mutes ist die Hochgemutheit oder »magnanimitas«, die in den Ethiken der Antike oft beschrieben wurde, so in der *Nikomachischen Ethik* von Aristoteles (384–322 v. Chr.) unter dem Titel der Großmütigkeit. Der Großmütige wird, sagte der Philosoph, Glück und Unglück mit derselben Mäßigung ertragen. Er wird Lob und Tadel zu ertragen wissen. Der Erfolg wird ihn nicht entzücken, der Fehlschlag nicht kränken. Er wird die Gefahr weder scheuen noch suchen, denn er kümmert sich um wenige Dinge. Er ist zurückhaltend und bedachtsam beim Sprechen, aber er spricht seine Meinung offen und frei aus, wenn der Augenblick gekommen ist. Er bewundert leicht, doch ist ihm nichts zu groß. Er lässt Beleidigungen unbeachtet. Er spricht nicht über sich oder andere, denn es liegt ihm nichts daran, dass er gelobt, noch, dass andere getadelt werden. Er erhebt kein Geschrei um Kleinigkeiten und verlangt von niemand Hilfe.

Ebenfalls ein Bewunderer des Mutes war Friedrich Nietzsche, in dessen Werken oft hymnische Beschreibungen der Tapferkeit zu finden sind. Nach Nietzsche hat der Mut mehr große Dinge getan als die Nächstenliebe. Alles wahrhaft Große in der Geschichte des Menschen ist auf ihn zurückzuführen. Wenn es irgendwo voranging im Laufe der traurigen Vergangenheit des Menschentums, war der Mut im Spiel. Nietzsche wusste aus eigener Erfahrung, dass auch das Denken des Menschen in seiner Reichweite und Originalität an den Mut gebunden ist.

Viele halbbewusste und unbewusste Gedanken können erst ins Bewusstsein vordringen, wenn unser Mut wächst. Daher heißt es in *Götzendämmerung*:

» Auch der Mutigste von uns hat nur selten den Mut zu Dem, was er eigentlich weiß (Nietzsche 1988a, S. 59). «

Als der Mensch sich vom Tierreich löste, wurde er Mensch auf Grund seiner größeren Angstbereitschaft (die ihn zur Vorsicht zwang) und infolge seines gewaltigen Mutes, den er zumindest teilweise den wilden Tieren abschaute. Zuletzt heißt es in Nietzsches *Also sprach Zarathustra* anlässlich eines Zwiegesprächs des neuen Evangelisten mit dem Geist der Schwere in Gestalt eines Zwerges:

» Ich stieg, ich stieg, ich träumte, ich dachte, aber alles drückte mich. Einem Kranken glich ich, den seine schlimme Marter müde macht, und den wieder ein schlimmerer Traum aus dem Einschlafen weckt. Aber es gibt etwas in mir, das ich Mut heiße: das schlug bisher mir jeden Unmut tot. Dieser Mut hieß mich endlich stille stehn und sprechen: »Zwerg! Du! Oder ich!« Mut nämlich ist der beste Totschläger, Mut, welcher angreift; denn in jedem Angriffe ist klingendes Spiel. Der Mensch aber ist das mutigste Tier: damit überwand er jedes Tier. Mit klingendem Spiele überwand er noch jeden Schmerz; Menschen-Schmerz aber ist der tiefste Schmerz. Der Mut schlägt auch den Schwindel tot an Abgründen: und wo stünde der Mensch nicht an Abgründen! (Nietzsche 1988b, S. 198 f.). «

Bei Jean-Paul Sartre (1905–1980) findet man zahlreiche Analysen des Mutes unter dem Titel »engagement«. Die Akzentuierung von »engagement« oder Bindung kommt aus der Sartre'schen Freiheitstheorie. Gemäß dem Existentialismus ist der Mensch wesensmäßig Freiheit. Alle Probleme seines Daseins müssen auf sein Freisein und die daraus entstehende Selbstverantwortung bezogen werden.

Freiheit betätigt sich in der Handlung und im Eingehen von emotionalen oder allgemein-menschlichen Verpflichtungen. Solange wir nicht handeln, sind wir scheinbar absolut frei; wenn wir aber zur Tat schreiten, schrumpft unser Freiheitsspielraum, da uns die Macht der Umstände begrenzt und jede Tat sich unauslöschlich in die Realität einschreibt.

Wir definieren uns durch Taten; denn nach Sartre ist der Mensch nicht mehr als die Summe seiner Handlungen. Gerade in der Psychopathologie haben wir es mit Menschen zu tun, welche das Nicht-definiert-Sein bevorzugen, da sie dann in Illusionen über sich selbst und ihren Wert leben können. Haben wir aber gehandelt, zeigt sich allemal, was an uns dran ist. Wir haben uns manifestiert, und die Mitmenschen erkennen unsere Vorzüge und Schwächen.

Sartres Neurosenbegriff ähnelt durchaus demjenigen von Alfred Adler. Auch hier wird darauf hingewiesen, dass Neurose der Wille zum Unmöglichen ist. Wer als Kind verwöhnt wurde, hat keine klaren Vorstellungen von seinen wirklichen Möglichkeiten; daher versteigt er sich in verworrene Pläne und Zielsetzungen, die notwendigerweise scheitern. Aber gerade dieses Scheitern ist dem neurotisch Gestörten willkommen. Was ihm misslingt, gibt ihm ein Alibi zum Rückzug aus wesentlichen menschlichen Bindungen. Er kann dann mit sich überwiegend allein sein und sich seinen zügellosen Größen- und Sicherheitsphantasien hingeben.

7.8   Mut zur Unvollkommenheit

Eine Umkehr aus seiner Fehlentwicklung ist für den neurotisch erkrankten Menschen im Allgemeinen schwer, weil er eisern an seinem Wertesystem festhält, das von ihm Vollkommenheit, Allwissenheit, Fehlerlosigkeit, Allmacht oder Gottähnlichkeit verlangt. An diese Lebensfiktion geschmiedet, verliert der neurotische Mensch fast alle Flexibilität und Anpassungsfähigkeit, so dass er unter den meisten Lebensbedingungen frustriert und unglücklich ist.

Die Psychotherapie muss ihn lehren, sich mit den alltäglichen Existenzbedingungen zufriedenzugeben. Für Wahnvorstellungen ist das Dasein des Menschen nicht eingerichtet. Der Mensch ist endlich und unvollkommen, und alles, was er betreibt, ist in gewisser Weise Stückwerk. Man kann vornehm darauf herabsehen, aber man bezahlt diese Hochnäsigkeit mit Inaktivität und Sinnlosigkeitsgefühlen.

Adler fasste die Erziehung des neurotischen Patienten in der Psychotherapie in der Formel »Mut zur Unvollkommenheit« zusammen. Was nützen uns Vollkommenheitsvorstellungen, die nur im Traume und in der Phantasie realisierbar sind! Wir müssen uns schon, wie Sartre sich ausdrückte, im realen Leben die Hände schmutzig machen. Wer jedoch rein, edel und unberührt durchs Leben gehen will, kann sich in die Schlupfwinkel von Neurose und Narzissmus zurückziehen, wo er den Phantomen seiner Absolutheitsansprüche nachjagen wird.

Es ist viel gewonnen, wenn ein Patient in der Psychotherapie anfängt, zu lernen und sich zu entwickeln. Ein lernender Mensch wird immer mit seinen Schwächen und Unzulänglichkeiten konfrontiert; aber gerade da liegen seine Chancen, denn an der eigenen Unvollkommenheit kann man wachsen. Man darf sich nur nicht scheuen, diese Endlichkeitserfahrung ins Bewusstsein zu integrieren. Der österreichische Dichter Georg Trakl (1887–1914) sagte mit Recht: »Wie scheint doch alles Werdende so krank!«

Es ist fast ein Kriterium der psychischen Gesundheit, wie tapfer ein Mensch sich mit seinen wirklichen und vermeintlichen Minderwertigkeiten auseinanderzusetzen wagt. Der entwicklungsfreudige Mensch macht Fehler und begeht Irrtümer, aber er lernt aus ihnen. Wer die Frustration vermeiden will, muss das Nichtstun kultivieren; und dabei wird er bestimmt nicht reifer und vernünftiger. Vor allem produktive Charaktere in Vergangenheit und Gegenwart zeigen eine unermüdliche Lernbereitschaft, die aus ihrem Mut zur Unvollkommenheit resultiert.

7.9   Psychotherapie als Ermutigung

Es gibt viele Definitionen der Psychotherapie und der in ihr wirksamen Faktoren; aber sicherlich ist überall Ermutigung nötig, um aus einem gehemmten und verängstigten Menschen einen Mitmenschen zu machen. Ohne Förderung des Mutes im Patienten ist seelische Heilung kaum denkbar.

Schon in der Möglichkeit, einem verstehenden Du seine Lebensgeschichte und Lebensproblematik anzuvertrauen (Katharsis), liegen Ermutigungsfaktoren. Die Patienten berichten, dass sie diesen Bekenntnisakt als befreiend empfinden. Wer sein Leben erzählt, gewinnt Klarheit über seine Situation, und das erhöht das Sicherheitsgefühl und die Angstfreiheit.

Ein weiterer Ermutigungsfaktor in der Psychotherapie liegt im Verstandenwerden durch ein Du, in der Deutung des Lebensablaufs und der Schicksalsverstrickungen als Auswirkung unbewusster Motive und Dynamismen. Der Patient erkennt sich hierbei als Urheber seines Glücks und Unglücks. Er begreift, wo er sich selbst im Wege steht und seine eigene Entwicklung weitgehend sabotiert. Das ergibt einen Anreiz zur Charakteränderung und zur Umgewöhnung des Verhaltens. Auf diese Weise können Erfahrungen gemacht werden, die ermutigender sind als alles, was man in der Vergangenheit erlebte.

Sodann enthält jede Psychotherapie ein gewisses Maß an erzieherischen Elementen. Beim Durcharbeiten der Übertragung kann der Patient neue Formen der Konfliktbewältigung und der uneingeschränkten Verständigung lernen. Der Therapeut wird dann und wann direkt ermutigen, aber in der Regel beschränkt sich das Ermutigungsgeschehen auf echte Kooperation und die

Anleitung zum Erkennen zwischenmenschlicher Situationen und ihrer tieferen Problematik.

Ohne Zweifel kommt es bei längerer Zusammenarbeit der beiden Protagonisten des therapeutischen Prozesses zu einer wechselseitigen Identifizierung, in der nicht nur Gedanken und Sprache, sondern auch Gesinnungen, Werthaltungen und Lebenseinstellungen ausgetauscht werden. Ist der Therapeut selbst ein mutiger und weltoffener Mensch, wird seine Charakterorientierung von seinem Gegenüber mehr oder minder übernommen. Mutige Therapeuten erziehen mit der Zeit ihre Schützlinge zum Lebensmut, ohne von dieser Thematik eigens zu reden.

So kommt eine Andeutung von Mäeutik in den Therapievorgang hinein, nämlich jene Hebammenkunst, deren sich Sokrates rühmte. Der athenische Weise lehrte seine Schüler durch geschickte Befragung, die in ihnen verborgene Wahrheit aufzuspüren. Der moderne Therapeut verhilft in ähnlicher Weise zur Geburt des wahren Selbst sowie zum tapferen Angehen der Lebensaufgaben, an denen man Reife, Vernunft und Personalität erwirbt.

Literatur

Jung-Stilling H (1976) Lebensgeschichte (1777–1817), vollständige Ausgabe mit Anmerkungen, hrsg. von Benrath GA. Wissenschaftliche Buchgesellschaft, Darmstadt

Kluge F (1967) Etymologisches Wörterbuch der deutschen Sprache, 20. Auflage. de Gruyter, Berlin

Nietzsche F (1988a) Götzendämmerung, KSA 6. dtv/de Gruyter, München/Berlin (Erstveröff. 1889)

Nietzsche F (1988b) Also sprach Zarathustra III, KSA 4. dtv/de Gruyter, München/Berlin (Erstveröff. 1884)

Riesman D (1956) Die einsame Masse. Luchterhand, Hamburg

Schultz-Hencke H (1940) Der gehemmte Mensch, 3. Aufl. Thieme, Stuttgart 1969

Smiles S (o. J.) Der Charakter. Kröner, Stuttgart (Erstveröff. 1871)

Geistigkeit
(und wie man sie entwickelt)

8

Wir vertreten in der Folge die These, dass Geistigkeit ein zentrales Element der Persönlichkeitsentwicklung darstellt. Ohne Aufbau und Verstärkung der geistigen Funktion ist und bleibt der Mensch ein Opfer seiner Gewöhnungen. Nur wenn diese innere Führungsfunktion in Kraft tritt, entstehen Freiheitsgrade, die einer charakterlichen Entfaltung zugutekommen.

Um das zu erläutern, müssen wir ausführlich die Strukturelemente des Geistig-Seins bedenken. Was wir Geist nennen, besteht aus zahlreichen Möglichkeiten des Verhaltens und der Gesinnungen. Zunächst sei erwähnt, dass das Geistige etwas Fakultatives am Menschen darstellt. Man kann großenteils ohne es leben, nur versäumt man dabei die eigentlichen Qualitäten des Menschseins. Darum muss Psychohygiene immer auch die Geistwerdung anvisieren, um eine souveräne Seinsweise des Betreffenden zu ermöglichen.

Erst mit dem Menschen tritt das geistige Sein im Kosmos auf. Das Tier lebt physisch und psychisch, kann aber in eine komplexe geistige Dimension nicht hineinwachsen. Mit der Geistigkeit ist ein Novum in der Evolution des Lebendigen gegeben, zugleich aber auch eine schier unendliche Lebensaufgabe, die erst im Tode ihr Ende findet.

- **Wie aber entwickelt man Geist?**

Innerlichkeit Geist hat etwas zu tun mit der Fähigkeit, bei sich selbst bleiben zu können. Geist ist so etwas wie Innerlichkeit. Nun sind die meisten Menschen dauernd auf der Flucht vor sich selbst; draußen in der Welt scheint alles interessanter und wichtiger zu sein.

C. G. Jung sprach in diesem Zusammenhang von Extraversion. Er hielt diese für eine Art von Selbstentfremdung und meinte, dass die Introversion ein Korrektiv gegen sie ist. Zumindest in der zweiten Lebenshälfte soll sie dominieren, wenn man sich schon einen Platz im Leben erobert hat. Dann sollte der Mensch den Weg nach innen antreten. Aber die meisten haben furchtbare Mühe damit.

Die Verlockung, sich nach draußen zu wenden, wird unterstützt von der vorherrschenden Mehrheit. Letztere lebt in einer extravertierten Tradition, welche die Wendung zum eigenen Selbst fast als überflüssigen Luxus ansieht. Das bei sich selbst Bleiben-Können ist eine besondere Kunst. Man lernt sie in der Kindheit, wenn man viel in Ruhe gelassen wird. Dabei entdeckt man mitunter, dass sich im Innern oft mehr tut als draußen, was als beglückende Erlebniswelt erfahren wird. Lernt man diese Pflege des Innerlichseins, hat man einen Schatz gewonnen, der einen mächtig bereichern kann.

Gleichgewicht Es gehört zur Lebenskunst, das Gleichgewicht zwischen Extraversion und Introversion anzustreben. Wenn man älter wird, erkennt man, dass das Leben und Treiben in der kollektiven Welt weitgehend boden- und gehaltlos ist. Da kommt es denn darauf an, im Geistigsein eine Zufluchtsstätte gegen die Unvernunft der Massenexistenz zu errichten. Es braucht jedoch viel Geduld, um Geist in sich wachsen zu lassen. Diese Ausdauer lernt man häufig nicht. Und die Verlockungen der Selbstentfremdung sind so massiv, dass kaum jemand ihnen widerstehen kann. Daher die Geistlosigkeit der überwiegenden Zahl der Menschen.

Selbstliebe Die Pflege des Geistes wird begünstigt, wenn man eine gewisse Selbstliebe hat. Man darf sie nicht mit Eitelkeit verwechseln; sie bedeutet wirkliche Sorge um das eigene Selbst. Sie ist kein kindischer Stolz auf Eigenschaften, die man gar nicht hat, bzw. auf physische Qualitäten oder Geld und Besitz. Selbstliebe besteht aus der wahrhaften und fürsorglichen Zuwendung zum eigenen Ich.

Ehrfurcht Es ist hierbei nützlich, die Stimmung der Ehrfurcht zu erlernen. Ehrfurcht verbindet man oft mit religiösen und autoritären Symbolen. Manche glauben, dass durch die berechtigte Kritik an der Religion und am Autoritarismus das Ehrfürchtigsein unnötig wird. Das ist falsch gesehen. Ein vernünftiger und für das Geistesleben offener Mensch hat viel Ehrfurcht, nämlich vor dem, was größer und vollkommener ist als er. Er verfügt über eine bewundernde Grundstimmung. Bewundern heißt nach einer Formulierung des belgischen Dichters Emil Verhaerens (1855–1916) größer werden und an innerem Format gewinnen.

Wer nicht bewundern kann oder will, straft sich selbst, indem er kaum geistige Wachstumsprozesse vollzieht. Es geht also darum, das Kind schon zur Suche nach dem, was umfänglicher und gehaltvoller ist als es selbst, anzuleiten. So wächst es in eine Stimmung hinein, das Große zu suchen, weil es sich als ergänzungsbedürftig fühlt.

Distanz Eine wichtige Eigenschaft des menschlichen Geistes ist seine Abständigkeit vom Lebensgeschehen und von der Welt. Geist hat Distanz zu Leib und Seele sowie zum Weltganzen. Tiere können sich weder von sich selbst noch von ihrer Umwelt distanzieren. Sie sind in Letztere eingefügt wie der Schlüssel in einem Schloss.

Hingegen kann ein Individuum mit Geist in Folge seiner exzentrischen Positionalität (Helmuth Plessner) zu allem Stellung beziehen. Das nennt man auch Objektivität. Für den Menschen mit Geist werden Welt, Mitmenschen und sogar die eigene Individualität zu Objekten. Diese Fähigkeit ist eine große Errungenschaft, die sich im Kampf ums Dasein als vorteilhaft erwiesen hat. Mithilfe des Geistes konnte der Mensch viele körperliche Unzulänglichkeiten, welche das Tier als ein ihm überlegenes Wesen erscheinen lassen, kompensieren.

Das Abstand-halten-Können ist für den geistigen Menschen lebensweltlich wichtig. Wenn wir Geist entwickeln wollen, müssen wir uns aus dem Leben mit seinen Verstrickungen herausziehen. Das haben die Mönche früherer Zeiten

geahnt. Sie wollten im Grunde ein geistiges Dasein führen; dem damaligen Zeitgeist entsprechend nannten sie das ein frommes Leben und gingen in die Wüste oder ins Kloster.

Aber diese Lösung war in der Regel nicht tragend. Auch im Kloster holte einen das Leben ein. Man verstrickte sich in die dortigen autoritären Strukturen und unterlag einem Zwang, welcher die Geisteswelt drosselte. So haben die Klöster für die Geistwerdung des Menschen letztlich nur wenig geleistet. Ob weltliche Klöster unter der Führung von Philosophen mehr zustande brächten, hat man noch nicht versucht.

Freiheit Eine weitere Eigenschaft des Geistes ist seine relative Freiheit. Ob Körper und Seele frei sind, ist fraglich. Der Leib hat seine Determinanten durch die physikalischen und biologischen Gesetze. Seine Beschaffenheit und Stimmung, die Konstitution der Organe, Gesundheit und Krankheit legen sein Verhalten fest. Auch die Seele wird bestimmt durch den Leib, ihre Geschichte, Affekte und Leidenschaften sowie die Situation in der Umwelt.

Geist jedoch, wenn er im Menschen präsent ist, hat offenbar einen gewissen Spielraum von Freiheit. Das bemerkt man im Kontakt mit geistigen Menschen deutlich genug. Solche Individualitäten verfügen über mehr Souveränität und Handlungsspielraum. Sie gestalten ihr Leben zum Kunstwerk und sind schöpferisch in dem, was sie tun und wie sie sind.

Geist ist demnach Freiheit und Möglichkeit der Wahl. Jean-Paul Sartre betonte eindrücklich, dass der Mensch sich selbst wählt. Das gilt aber nur, sofern er Geist hat. Wenn die Umstände die Geistwerdung blockieren, kann von Selbstwahl kaum die Rede sein. Ungeistige Menschen sind immer ziemlich unfrei.

Beweglichkeit Ein anderer Aspekt des Geistes ist seine Beweglichkeit. Er ist wohl das Beweglichste und Schnellste, was wir im Kosmos kennen. Jedenfalls ist er viel schneller als das Licht, welches die höchste Geschwindigkeit innerhalb der materiellen Welt aufweist. Auf geistige Weise können wir uns jählings bis ans Ende des Universums versetzen und unmittelbar darauf wieder zu uns selbst zurückkehren.

Humor Kombiniert man die drei Komponenten der Abständigkeit, Freiheit und Beweglichkeit, entsteht ein Phänomen, das man seit jeher als hoch geistig eingestuft hat: Es ist der Humor. Gemeint ist nicht die alltägliche Lustigkeit, sondern eine geistige Gefühlslage, die als Gesinnung und Weltanschauung imponiert.

Es gibt besondere geistige Leistungen des Humors, so etwa in der Dichtung. Wir kennen humoristische Schriftsteller, die Einsicht in das Getriebe der Welt besitzen und uns lehren, alles nicht so tragisch zu nehmen. Der Humorvolle lässt sich nicht unterkriegen. Deshalb sagt der Volksmund nicht zu unrecht: Humor ist, wenn man trotzdem lacht.

Sigmund Freud in seiner Abhandlung *Der Humor* aus dem Jahre 1928 meinte, dass der Humor eine großartige Leistung des Ich ist. Dieses findet sich nicht mit der Welt ab, wie sie ist; es klagt, jammert und ärgert sich aber nicht, sondern zieht sich sozusagen in sich selbst zurück und gewinnt so eine Überlegenheit über die Lebensumstände.

Der Humor ist demnach eine Weltüberwindung im Geiste, eine Haltung, durch die man sich mit den widrigen Lebensverhältnissen halbwegs aussöhnen kann. Der Mensch hat Grund genug, Humor zu entwickeln, denn die Verfassung der Welt ist oft tragisch und niederschmetternd. Durch den Humor kann man sie noch erträglich finden. Immanuel Kant stellte fest:

>> Der Mensch hat drei Möglichkeiten, die Schwierigkeiten des Lebens zu mildern. Die eine ist der Schlaf, die andere die Hoffnung, und die dritte das Lachen. «

Der Mensch ist übrigens das einzige Wesen, das wirklich lachen kann. Beim Affen hat man oft ähnliche Eindrücke, aber das ist kein eigentliches Lachen, sondern eher ein fröhliches Grimassieren. Lachen und Lächeln sind wunderbare Verhaltensmöglichkeiten, die mit dem Selbstwertstreben, dem Gemeinschaftsgefühl und der sozial-kulturellen Ausrichtung des Individuums gekoppelt sind.

Die Literaturgattung der Komödie zeigt uns, wie viel Dummheit und Unzulänglichkeit in der Menschenwelt sind, und wir lachen darüber. Sie ist eine Schulung der Lebensweisheit. Cervantes, Shakespeare, Molière, Lessing, Nestroy und die tausend anderen Komödienschreiber sind Autoren, welche die Menschen erheitern und ihnen das Leben leichter machen.

Heiterkeit und Humor sind Grundstimmungen, durch die man immer wieder Wege und Auswege aus der Tragik erfährt. Der heitere Mensch ist ein Mensch mit vertiefter Lebenskenntnis und entsprechender Solidaritätshaltung. Je mehr soziale Verbundenheit wir empfinden, umso empfänglicher und produktiver sind wir in Bezug auf den Humor. Darum sollte auch die Psychotherapie humoristisch untermalt sein. Eine gute Therapie leitet den Patienten dazu an, sich selbst und seine Lebensumstände lächelnd oder gar lachend zu reflektieren.

Sprache Wenn Geist entsteht, ist das betreffende Lebewesen fähig, Sprache auszubilden. Das ist ein menschliches Spezifikum. Tiere verfügen zwar ebenfalls über Sprachen und verständigen sich über teilweise komplexe Aufgaben, bedienen sich dabei allerdings einer sogenannten Ausdruckssprache. Das Tier gerät selbst in Erregung und teilt diese ausdrucksmäßig seinen Artgenossen mit. Letztere verstehen das Mitgeteilte auf dem Wege von Gefühlsansteckung. Das ist jedoch keine Begriffs- und Symbolsprache.

Der große Unterschied zwischen Ausdrucks- und Begriffssprache besteht in der Abstraktion. Die Begriffssprache ist eine unendlich feine Erfindung. Erst das Sprechen-Können macht den Menschen zum Menschen. Man sagt, dass die Sprache eine Symbolwelt hervorbringt. Worte sind nicht nur Zeichen, sondern auch Symbole. Mit Hilfe der Sprache hat sich der Mensch geradezu eine geistige Zwischenwelt geschaffen. Zwischen ihm und der realen Welt gibt es die Symbolwelt mit ihren unbegrenzt vielen Zeichen und Ausdrucksmöglichkeiten.

> **Die Sprache hat den Menschen zum Menschen gemacht und ihm die Herrschaft über die Welt gesichert. Nicht einzelne Individuen haben die Sprache entwickelt, sondern die Massenseele. Es kann schon sein, dass der eine oder andere ein neues Wort fand, doch es ist die Massenseele gewesen, die es aufgenommen und weitergetragen hat.**

So haben wir unseren Vorfahren neben vielem anderen auch das kostbare Geschenk der Sprache zu verdanken. Sie ist immer noch in Bewegung und schafft dauernd neue Symbole. Aristoteles sagte, der Mensch sei das sprechende Tier: Man hat schon in der Antike gewusst, dass dies ein zentraler Eigenschaftskomplex ist.

Durch das Sprechen ist der Mensch zum kommunikativsten aller Lebewesen geworden. Kein Zweifel, dass der Aufstieg der Kultur der gewaltigen Differenziertheit dieses Instrumentes zu verdanken ist. Die oben erwähnte Abständigkeit zur Welt und zu den Dingen überhaupt erwächst aus der durch die Sprache konstituierten Souveränität.

Je kultivierter ein Mensch ist, umso reicher ist sein Sprachschatz. Es ist erstaunlich, bis zu welchen Höhen sich die Ausdrucksfähigkeit genialer Menschen steigern kann. Dadurch werden sie fähig, Geistiges aufzunehmen und zu schaffen. Andererseits beobachten wir bei psychischen und geistigen Störungen eine Spracharmut; der Patient ist nicht in der Lage, seine Probleme angemessen zu artikulieren, und das ist ein wichtiges Grundelement seines sozialen Isoliert-

und Krankseins. Man hat daher mit Recht die Psychotherapie eine Heilung durch die Sprache, also auch eine Heilung durch den Geist genannt.

Denken und Wollen Ebenfalls Elemente der Geistigkeit sind Denken und Wollen. Beide werden von der Psychologie seit jeher zu den geistigen Funktionen gezählt. Gemeint ist jedoch nur der eigentliche Denk- und Willensvorgang. Was einem meistens chaotisch durch den Kopf geht, und was man nur lässig und unbedacht anstrebt, darf nicht mit diesen Begriffen bezeichnet werden.

Das Denken, das wir meinen, ist Problemlösen. Wenn sich der Mensch ernsthaft den Themen des Lebens stellt und sie reflektiert oder bewältigt, ist dies eine echte Denkbemühung. Letztere kommt nach Wilhelm Wundt (1832–1920) selten vor. Der Mensch hat zwar diese Disposition, aber er gebraucht sie kaum. Sie muss eigens gelernt und geübt werden, um ihre Möglichkeiten zu realisieren.

Wirkliches Denken ist Mitdenken – entweder mit einem Gesprächspartner oder mit einem Text, den ich denkend in mich aufnehme. Es ist also stets an die Dialogform gebunden. Einen solchen Dialog können wir mit Menschen, Kunstwerken, Weltanschauungen, Ideen, Fakten unserer Lebenswelt und der Geschichte führen.

Oft eignet man sich dabei bereits Gedachtes an. Die Menschheit denkt seit vielen Jahrtausenden und hat Resultate erzielt, welche die Basis der Kultur ausmachen. Indem dieser Schatz an Wissen und Können assimiliert wird, wächst das innere Potential der Persönlichkeit.

Wollen ist genauso rar wie authentisches Denken. Was die meisten Menschen üblicherweise vollziehen, ist das Wünschen. Sie imaginieren und stellen sich vor, was sie gerne haben oder tun möchten, aber ohne weitere Konsequenzen. Vieles geht ihnen durch den Kopf, zum verwirklichenden Wollen kommt es jedoch selten.

Denn Wollen heißt, ein Ziel ins Auge zu fassen und die Mittel anzustreben, um es in die Welt einzuarbeiten. Das ist mühsam genug, denn die Welt ist allemal widerständig. Sie besteht regelrecht aus Widerstand. Wollen ist demnach das Überwinden von Widerständen in Richtung auf einen Wert. Nur wenn man einen Wert in der Welt realisiert, liegt dem ein Wollen zugrunde. Sowohl Denken als auch Wollen bekunden das Freisein der Person. Gibt es für Wollen und Denken eine gemeinsame Wurzel bzw. eine seelische Tiefenschicht, aus der sie entspringen?

Verstehen Diese Schicht ist unseres Erachtens gegeben durch das Verstehen. Verstehen ist ein Grundbegriff der Geisteswissenschaften. Er wird vor allem verwendet, um zu definieren, wie ein Mensch einen Dialogpartner begreift. Das ist ein Problem ersten Ranges; denn der Andere denkt und fühlt grundverschieden und hat andere Voraussetzungen als ich. Auch wenn er dieselben Wörter und Sätze gebraucht, meint er doch etwas anderes als der Hörer.

Das Verstehen erfordert die besondere Zirkelbemühung der Hermeneutik. Das ist eine altehrwürdige Kunstlehre, die in den Geisteswissenschaften seit langem gepflegt wird. Sie ist wichtig beim Angehen von wissenschaftlichen Bemühungen, wie z. B. ein Kunstwerk zu deuten, eine Biographie zu schreiben oder sich in andere Epochen, Kunststile und Lebenswelten einzufühlen. Im Grunde radikalisiert man hierbei die Verständigung, die auch im alltäglichen Dialog stattfindet.

Worin ist aber dieses Verstehen selbst begründet? Die Phänomenologie (Edmund Husserl) sagt, man solle wissenschaftliche und philosophische Konzepte in der sogenannten Lebenswelt verankern. Denn zuerst lebt der Mensch, und darauf aufbauend kommt alles andere zum Tragen. So ist es auch mit dem Verstehen; es wurzelt in der Lebenswelt, also im alltäglichen Dasein des Menschen.

In diesem Sinne ist Verstehen in der Lebenstüchtigkeit begründet. Wer ein Meister des Verstehens werden will, sollte zuerst seine Lebens-

kompetenz aufbauen, denn ohne sie begreift er nichts. Selbst in den abgehobensten Forschungen wirkt die Lebenstüchtigkeit nach. Aber was ist diese Fähigkeit genauer? Wir sehen oft, dass geistige Menschen in praktischen Dingen nicht allzu geschickt sind. Das ist bei ihnen ausgeklammert; man kann schließlich nicht alles können. Gemeint ist demnach eine tiefere Schicht, welche die Basis für die von uns gemeinte Lebenstüchtigkeit darstellt.

Hier wird der Vollzug des Lebens anvisiert, der dadurch gegeben ist, dass ein Mensch in sich ruht und eine gewisse innere Sammlung oder Geschlossenheit aufweist, die selbst wieder in der Kontinuität seines gelebten Zeitgefühls begründet sind. Bei dieser existentiellen Tüchtigkeit ist man fähig, in der Gegenwart präsent zu sein, das Vergangene zu bewahren sowie in die Zukunft zu schreiten.

Das Verstehen ist demnach Zeitkompetenz, also innere Kontinuität von Erfahrung und Erinnerung, woraus Konzentrations- und Denkfähigkeit, biographische Einordnung des eigenen Lebens, Vorblick in die Zukunft, Sich-Öffnen zur Welt und Verstehen anderer Menschen erwächst. All dies basiert auf einem intakten Zeiterleben.

Werte Ebenfalls zur Geistigkeit gehört das Geöffnet-Sein für die Welt der Werte. Es gibt offenbar zwei Welten: die Welt der Tatsachen und die Welt der Werte, Ideen und Ideale. Die Letztgenannte ist nicht leicht zu erfassen. Wenn wir um uns schauen, sind überall Fakten zu sehen. Alles Wirkliche kann begriffen, erfasst, beobachtet und berechnet werden. Somit drängt sich uns die Tatsachenwelt als die allein reale auf. Wenn man jedoch mit Gefühl oder Vernunft in die Welt blickt, erkennt man, dass alle Tatsachen auch einen Wertaspekt haben.

Die Wertwelt wurde von den Griechen der Antike entdeckt. Platon war diesbezüglich führend, indem er den Ideen eine eigene und unabhängige Existenz zusprach. Es sei die eigentliche Aufgabe des Philosophen, diese Werte wahrzunehmen und für mittlere Menschen zugänglich zu machen. So konstellieren etwa Wahrheit, Schönheit, Gerechtigkeit, Güte, Humanität und Freiheit einen Wertekosmos, der durch eine spezifische Erfahrungsweise gesehen werden kann.

Nicolai Hartmann (1882–1950), ein später Nachfahre Platons im 20. Jahrhundert, war der Auffassung, dass wir Werte ähnlich in den Blick bekommen wie die Astronomen die Sterne im Universum. Analog wie man durch das Fernrohr unzählige Galaxien erkennt, gibt es einen inneren Sternenhimmel, auf dem Ideen und Ideale gruppiert sind. Das Organ ihrer Wahrnehmung ist das Gefühl oder die Vernunft.

Was die Sonne für die materielle Welt bedeutet, ist nach Platon die Idee des Guten für die geistige Welt. Aber welche Art von Sein haben nun die Werte? Die materiellen Dinge haben eine kompakte Seinsweise: Sie sind unabhängig vom Menschen. Bei den Werten ist es anders; sie haben nur ein Soll-Sein und existieren lediglich als Idealität. Wenn man sie erblickt, spürt man allerdings den unausweichlichen Appell: »Du sollst mich verwirklichen!« Diese Botschaft kommt vom Wert auf den Menschen zu, und wer über Gefühle und Vernunft verfügt, fühlt sich motiviert, sich in ihren Dienst zu stellen. Das ist der geheime Motor des Kulturprozesses. Es geht darum, dass die Menschheit die Forderungen des Soll-Seins der Werte immer besser und umfänglicher vernimmt. Das bedeutet die Menschwerdung im geistigen Sinne des Wortes.

Es sind vor allem humane und soziale Persönlichkeiten, Genies der Menschlichkeit sowie Individuen mit weitem Horizont, die uns mit der Wertewelt vertraut machen. Ihre diesbezüglichen Lehren sind von unschätzbarer Bedeutung. Man kann diese Entdecker im Wertreich geradezu die moralisch-sittlichen Führer der Menschheit nennen. Platon hat diese Konstellation in seinem Buch *Der Staat* mit einem schönen Gleichnis verdeutlicht:

Sokrates erzählt seinen Zuhörern, wie er die Situation des Menschen beurteilt. Seiner Meinung nach leben alle in einer Höhle tief im Innern der Erde. Es gibt ein Feuer darin, damit die Höhlenbewohner etwas sehen. Doch sie erkennen nur Schatten von jenen Gegenständen, die man hinter ihrem Rücken vorbeiträgt.

Da sie an die Wände der Höhle angeschmiedet sind, können sie sich nicht umwenden und sich auch nicht befreien. Daher halten sie die Schatten für die Wirklichkeit. Doch manchmal gelingt es einem von ihnen, sich loszureißen. Das ist ein Philosoph, ein Künstler, ein großer Staatsmann oder ein Mensch von Format. Er gewinnt den Ausgang aus der Höhle ins Freie. Was sieht er da? Er nimmt die Gegenstände der Welt im Licht der Sonne wahr. Davon ist er entzückt, und was er sieht, ist nicht zu vergleichen mit der Schattenwelt in der Höhle.

Nun wird er, wenn er das erlebt hat, in die Höhle zurückgehen und seine Leidensgenossen zu befreien versuchen. Aber er wird kein Glück damit haben. Sie werden ihn verfolgen und vielleicht sogar töten, weil sie es als einen Affront betrachten, dass sie nur Bewohner einer Schattenwelt sein sollen.

Immanuel Kant vertrat den Standpunkt, dass der Mensch Bürger zweier Welten sei. Der Tatsachenwelt huldigte er mit dem Hinweis auf die Ehrfurcht, mit welcher ihn der gestirnte Himmel erfülle. Und die Wertewelt fasste er ins Auge mit dem Postulat des kategorischen Imperativs, durch welchen der Mensch ethische Verpflichtungen erfahre.

Die erwähnten Philosophen scheinen der Meinung zu sein, dass die Erkundung der Wertewelt fast noch wichtiger ist als die Faszination durch die Fakten, zu welcher der Mensch ohnehin neigt, weil seine alltägliche Lebensführung hiervon abhängig ist. Nur wenn wir mit derselben Intensität Tugenden und Wertvorstellungen begreifen wie die Faktizität, werden die Krisen der Kultur überwindbar sein. Jeder Fortschritt im Geistig-Sein ist ans Wachstum unserer Werteschau gebunden. Anders ausgedrückt:

> **Wenn wir neue Werte oder Tugenden erfühlen, kommt unwillkürlich mehr geistige Ansprechbarkeit in unser personales Gefüge hinein. Erziehung muss immer eine Einführung ins Werterleben sein. Auch jegliche Selbsterziehung strebt die Erweiterung des Werthorizontes an. Selbstverständlich steht auch die Psychotherapie unter diesem Leitstern.**

Veränderung Aus dem Obigen geht hervor, dass die Verlagerung des Lebensschwerpunktes von der Fakten- zur Wertwelt nicht nur ein rein rationaler Prozess ist. Es handelt sich um eine umfassende Sinneswandlung (was die Griechen »metanoia« nannten). Nur bei einer grundlegenden inneren Veränderung ist der Mensch in der Lage, sich vom Verfallen-Sein an die Maßstäbe des Kollektivs und der Alltäglichkeit zu emanzipieren.

Das ist in der Regel nur möglich, wenn man durch Vorbilder dazu ermutigt wird. Man muss gleichsam an exemplarischen Menschen erleben können, dass eine Ausrichtung auf die höheren Werte möglich ist. Denn beinahe immer und überall kommt die Mehrheit mit den niederen Werten der Selbsterhaltung und Selbstdurchsetzung, des materiellen Gewinns und der persönlichen Machtsteigerung aus und bekämpft jene, welche die Forderung nach einer idealen Existenz erheben.

Würde man nicht an ethisch mustergültigen Charakteren die andere Variante der Lebensführung verwirklicht sehen, hätte man unter Umständen nicht die Kraft der Phantasie, um sich die Schönheit einer solchen moralischen Existenz vorzustellen. Wer aber einmal Geschmack gefunden hat am Bezogensein auf Wertbegriffe wie Wahrheit, Solidarität, Humanität und Vernunft, wird kaum dazu zu bewegen sein, zum

Egozentrismus des mittleren Menschenlebens zurückzukehren.

Kollektivvernunft Wie es bereits weiter oben anklang, ist der individuelle Geist keine Gegebenheit, die isoliert oder isolierbar ist. Das menschliche Geistesleben richtet sich immer und überall zwischen zwei Polen ein: der individuellen Vernunfttätigkeit des Einzelnen und einer Art von Kollektivvernunft. Letztere wurde durch Hegel entdeckt, der ihr den Namen objektiver Geist gab. Dieser ist eine eigenständige Wesenheit, die überpersönliche geistige Welt, die sich in Gruppen, Völkern, Epochen und Kulturen ausbildet.

So kann man sich etwa Sprachen nicht als Individualbesitz denken. Sie sind Errungenschaften der Kollektivität, und die Individuen erlernen an diesem Erwerb der Gesamtgemeinschaft, wie sie sprechen, denken und verstehen sollen. Auch die Wissenschaften, Künste, Techniken, Wirtschaftsformen, Philosophien sowie Verhaltensweisen und -normen des Alltags gehören dem kollektiven Geiste an, den man als Kultur bezeichnen kann. In diesem Sinne ist jedermann Schöpfer und Geschöpf der Kultur, die ihn umgibt und erzogen hat.

Daraus kann man ersehen, dass die Entwicklung von Intelligenz, Lebenswissen und Personalität aus dem innigen Kontakt mit dem übergeordneten Geistesleben erwächst. Kommt das Individuum im Verlauf seiner Kindheit und Sozialisation diesbezüglich zu kurz, wird es nur schwerlich Kulturträger werden.

Dieses Manko wirkt sich nicht nur auf seine psychische Gesundheit, sondern auch auf seine kulturelle Gewandtheit aus. Vielleicht sind die unzähligen Rückfälle in die Barbarei, welche die Geschichte und nicht zuletzt auch das 20. Jahrhundert zu verzeichnen hatten, darauf zurückzuführen, dass die erzieherische Einführung ins Kulturleben bisher für ganze Völker und Sozialschichten rückständig war.

Wer sich selbst wahrhaft als Mensch und Mitmensch entfalten will, darf sich nicht darauf beschränken, nur vielfältige soziale Kontakte zu pflegen und innerhalb der Gemeinschaft ein »Hans in allen Gassen« zu sein. Er muss sich mit der geistigen Überlieferung auseinandersetzen und sie angemessen in sich aufnehmen. Denn der kultivierte Mensch ist für die Evolution einer kooperativen und kommunikativen Menschheit besonders nützlich.

Neben dem objektiven Geist gibt es noch den objektivierten Geist. Mit diesem Begriff fasst man alle Kulturleistungen zusammen, in denen sich individuelle Geister und ihre kollektive Kulturbasis in Werken von Kunst, Wissenschaft und Alltag niedergeschlagen haben. Wer Kultur erwerben will, wird solchen Monumenten der Geisteswelt eine anhaltende und intensive Aufmerksamkeit widmen. Wir wachsen an den Errungenschaften früherer Generationen zur eigenen Geistigkeit heran.

So stehen individueller, objektiver und objektivierter Geist in einer permanenten Wechselwirkung. Darauf hat die Philosophie des deutschen Idealismus umfassend aufmerksam gemacht. Wir müssen daher bei ihr zur Schule gehen, um Psychohygiene philosophisch zu fundieren.

Aristokratismus Ein weiteres Strukturelement des Geistes ist sein Aristokratismus. Man spricht nicht zu Unrecht vom Adel des Geistes. Wer immer sich ernsthaft um geistige Belange bemüht, wird Charakterzüge und Gesinnungen entwickeln, welche mit einer Art von Vornehmheit im Zusammenhang stehen.

Wenn man adelig sagt, denkt man natürlich an Aristokraten, welche dem Namen nach angeblich schon zu den Besten gehören. Aber die Erfahrung widerspricht dieser ehrenvollen Einordnung. Wenn man die Geschichte überblickt, stimmt das in keiner Weise. Der Adel setzte sich weitgehend aus Menschen mit Machtgier, Eitelkeit bis zur Hochstapelei, Gefühlsarmut und Unmenschlichkeit in allen ihren Varianten zusammen.

Gemeint ist im Hinblick auf Geistigkeit vielmehr ein Aristokratismus im übertragenen Sinn. Adel bedeutet hier zunächst Ausnahmeexistenz. Geistige Menschen stehen selbst bei größtmöglicher Bescheidenheit außerhalb der Massenexistenz. Sie führen unwillkürlich ein stilisiertes und repräsentatives Leben und leben nicht einfach so dahin, sondern pflegen Rituale, Zeremonien und elitäre Daseinsgestaltungen. Die Schriften etwa des Konfuzius enthalten bereits eine minutiöse Beschreibung des edlen Menschen, die heute noch gültig ist.

Das Gros der heutigen Intellektuellen ist derart beschaffen, dass es diesen ursprünglichen Adel beinahe in Vergessenheit geraten ließ. Wir sind daran gewöhnt, dass viele Repräsentanten eines Pseudogeistes kaum an ein höheres Menschentum erinnern. Daher muss man schon überragende Kulturträger in Erinnerung rufen, um dieses Moment wieder sichtbar zu machen.

Bei den griechischen Philosophen der Frühzeit werden wir diesbezüglich fündig. Sie waren mitunter königliche Gestalten; man denke nur an Heraklit, Pythagoras, Empedokles, Demokrit, Platon und Epikur. Sogar der angeblich plebejische Sokrates bewies eine vornehme Haltung im Leben und Sterben. Nicht umsonst wurde er zum überragenden Mythos der Philosophie. Auch neuere Genies bevorzugten das Ungemeine im Leben und Denken. Goethe, Nietzsche, Bertrand Russell, Sigmund Freud, Thomas Mann und Rainer Maria Rilke mögen als Beispiele gelten, dass man groß von sich denken muss, um geistige Größe zu erlangen.

8.1 Conclusio

Unsere Darlegungen zeigen, dass alle Ratschläge zur Verhaltensveränderung zu kurz greifen, wenn sie nicht auch das Geistigsein des Betreffenden anvisieren. Alle von uns erwähnten Elemente der Personalität sind strukturelle Details einer übergreifenden Ganzheit. Das bedeutet, dass es keinen Sinn hat, nur irgendetwas an unserer Geistigkeit in Bewegung setzen zu wollen. Geist oder Vernunft sind zwar vielfältig, aber sämtliche Komponenten hängen zusammen. Wo immer sich ein Teilstück davon entwickelt, werden die anderen Faktoren mitbewegt.

Darum kann jedermann je nach Neigung, Vorbildung, Situation und Zufall dort ansetzen, wo er eine Chance der Aufwärtsentwicklung bei sich ahnt und erkennt. Gewinnt er an geistigem Potential, haben Projekte der Charaktertransformation einige Möglichkeiten von Erfolg. Dann wird auch das Aufgeben von unguten Leidenschaften, Affekten, Gewohnheiten und Charakterzügen, Reflexen und Bedürfnissen durchaus realisierbar.

Das Problem der psychohygienischen Einwirkung verlagert sich also auf eine philosophische Basis. Man muss dem Menschen die Gelegenheit geben, sich selbst und seine Lebensprobleme unter den Leitsternen von Lebenskunst und Lebensweisheit zu überprüfen. Ist er hierzu wenigstens teilweise geeignet, hat er leichter Erfolge im mühsamen Geschäft der Verhaltenskorrektur. Verhalten hat seine tiefen Wurzeln im Seelen- und Geisteshaushalt der Persönlichkeit. Berührt man diese Tiefenschicht, sind Wandlung und Entwicklung angebahnt.

Person und Persönlichkeit

Abschließend soll nun noch die Hauptthese unseres Buches näher erörtert werden:

> **Der Mensch muss Personalität entwickeln, wenn er im eigentlichen Sinne des Wortes menschliches Niveau erreichen will.**

Wir haben erläutert, dass sich das Person-Sein strukturell aus einer gewissen Zahl von Tugenden und Charaktereigenschaften aufbaut. Davon haben wir nur eine Auswahl geboten; es gibt sicherlich noch eine Reihe weiterer Wesenszüge, die fast unabdingbar zum Menschsein dazugehören. Aber Vollständigkeit der Beschreibungen würde den Rahmen unseres Textes überschreiten. Wir bemerken nebenbei, dass wir Person und Persönlichkeit nahezu als Synonyme verwenden. Wenn der letztere Begriff gebraucht wird, denkt man vor allem an die soziale Außenseite des Charakters, seine Wirkung auf Um- und Mitwelt.

In Johann Peter Eckermanns *Gespräche mit Goethe* (am 20. Oktober 1828) unterhalten sich die beiden ungleichen Gesprächspartner mehrfach über die Bedingungen der geistigen oder genialen Produktivität. In diesem Zusammenhang erklärte Goethe seinem treuen Chronisten: »Man muss etwas *sein*, um etwas zu *machen*!« Dem stimmte sein Zuhörer ohne weiteres zu.

Was ist mit dieser kryptischen Aussage gemeint? Wir schlagen vor, das Wort »etwas« durch den Begriff der Person zu ersetzen. Dann würde die Mitteilung lauten: Man muss Person (oder Persönlichkeit) sein, um etwas kulturell oder sozial Wertvolles zu vollbringen. Damit ist Goethes Statement um einiges deutlicher geworden.

Aber was bedeutet der inhaltsreiche Ausdruck Person? Wenn man hierzu die neuere philosophisch-anthropologische Literatur von Max Scheler, Nicolai Hartmann, William Stern, Ernst Cassirer, Michael Landmann und Hellmuth Plessner konsultiert, erhält man vielschichtige und weitläufige Auskünfte über das menschliche Personsein, wovon wir in der Folge Einiges referieren wollen. Nach Auskunft der genannten Autoren hat Personalität folgende Kennzeichen und Charakteristiken.

9.1   Kennzeichen und Charakteristiken von Personalität

- Person ist kein Faktum am Menschen, sondern ein Fakultativum. Er hat von der Natur her eine Disposition dazu, Personalität zu entwickeln; aber unabdingbar ist das nicht. Es müssen günstige Bedingungen beim Heranwachsen bestehen, welche die Freiräume schaffen, innerhalb derer sich das naturgegebene Individuum zum Personsein entfalten kann. Das wird ihm jedoch nicht geschenkt. Nur durch eigene Anstrengungen und Bemühungen (Selbstschöpfung) kommt die personale Existenz zustande.
- Ein Merkmal der Personalität ist ihr Selbst- und Weltbezug. Die Person ist bezogen auf die Welt, zugleich aber hat sie ein Selbstverhältnis. Letzteres wird deutlich an Begriffen wie Selbsterfahrung, Selbsterkenntnis, Selbsterziehung, Selbstbewusstsein und Selbstverwirklichung, die zum Personsein essentiell gehören.
  Der Selbstbezug entfaltet sich am ehesten, wenn sich auch der Weltbezug umfänglich und differenziert gestaltet. Erst im Sich-Öffnen zur Welt wird der Mensch aller seiner geistigen Potenzen habhaft. Verschließt er sich in eine enge und dem Tier analoge Umwelt, erlischt seine Befähigung zum eigentlichen Selbstsein. Parallelausdrücke für Person sind Selbst, Vernunft und Freiheit.
- Wo immer ein Mensch zum Personsein erwacht, öffnet sich für ihn das universelle Reich der Werte. Eine Person lebt im Hin- und Aufblick auf die Werthierarchie, die allem menschlichen Streben und Erleben Orientierung verleiht. Ist ein Mensch mehr

oder minder wertblind, kann er nicht Person sein. Daher muss die Erziehung stets Wertgefühl und Wertbewusstsein vermitteln, wenn sie aus den Zöglingen Menschen im eigentlichen Sinne des Wortes machen will. Versagt sie in dieser Funktion, entartet sie zur seelenlosen Dressur, die soziale Automaten und Konformisten züchtet, welche möglicherweise gut brauchbar sind, aber für die Kulturarbeit nicht in Betracht kommen.

- Wir sagten weiter oben, dass die Personalität durch eine existentielle Anstrengung ins Leben gerufen und aufrechterhalten wird. Das bedeutet, dass ihr tragender Grund eine intakte Vitalität und bestimmte Charaktereigenschaften sind, zu denen Mut, Solidarität, Sensibilität, Angstfreiheit, Empathie, Großherzigkeit und Gefühlsreichtum zählen. Hieraus sind leicht pädagogische Maximen abzuleiten. Eine gute Erziehung muss allemal am Leib ansetzen und Gefühls- und Charakterpädagogik sein. Das wurde in der Vergangenheit oft übersehen und hat teilweise ziemlich klägliche Resultate bewirkt.

- Martin Buber (1878–1965) hat in seiner Philosophie der Dialogik nachdrücklich betont, dass die Person grundsätzlich Du sagendes Ich ist. Die Personalität bedarf dringend des personalen Gegenübers, mit dem sie mehr oder minder rückhaltlos im dialogischen Austausch lebt. Zwiesprache ist das Lebenselement von Vernunft, Freiheit und Personalität. Wo Personalität fehlt, wird man finden, dass Menschen in allen Fragen der existentiellen Kommunikation unbeholfen, plump, reduziert und gleichsam stumm sind. Auch Karl Jaspers (1883–1969) hob hervor, dass die grenzenlose Kommunikationsbereitschaft ein Grundelement der Personalität darstellt.

- Person ist von ihrem Wesen her immer eine werdende. Das unablässige Werden und sich Entwickeln ist für sie relevant. Sie kann und darf nicht in einem Stadium ihrer Ent-

faltung stehen bleiben und sich einmauern. Sobald sie sich als fertig ansieht, erlahmt sie oder stirbt ab. Nicht umsonst hat die anthropologische Psychotherapie (Viktor Emil von Gebsattel) als Merkmal aller Neurosen die Werdenshemmung deklariert. Das verweist auf einen Mangel an Personsein, der in den neurotischen und anderen psychopathologischen Zustandsbildern immer nachweisbar ist.

- Eugen Minkowski (1885–1972) hat in *Die gelebte Zeit* (1971) mit Recht betont, dass jedes menschliche Wachsen und Werden ein Mit-Werden ist. Damit sagte er etwas Ähnliches wie Martin Buber. Der Erkenntnisgehalt dieser Formulierung liegt darin, dass ein einsames Subjekt nie und nimmer in eine Werdensbewegung eintauchen kann, die Leib, Seele und Geist umfasst; Vereinsamung ist unter Umständen mit einer Blockade der Selbstwerdung verbunden. Gewiss kann ein isolierter Mensch die eine oder andere Fähigkeit in oder an sich schulen und perfektionieren. Aber als Person bleibt er notwendigerweise steril, wenn er nicht in Beziehung zum Du und Wir sowie zu Gesellschaft und Kultur lebt. Das wissen die Menschen leider zu wenig, und so mancher angestrengte Individualist hat sein Leben nutzlos vertan, weil er abseits von Mitwelt und Mitmenschlichkeit sich selbst verwirklichen wollte.

- Im Zentrum der Personalität hat die moderne Forschung eine Welt von Gefühlen entdeckt, welche den Wesenskern der Person ausmachen. Im Innersten der menschlichen Existenz sind die eigentlichen Kraftquellen und Motoren vermutlich nicht die Triebe, wie die Psychoanalyse es postulierte, sondern die Gefühle, die, wie wir seit Max Scheler wissen, Organe des Werterkennens sind. Nur wenn wir Gefühle haben, werden wir der Werte ansichtig. Und wenn wir

Werte erkennen, können wir Gefühle in uns induzieren und lebendig erhalten.

Diese aus der Phänomenologie erwachsenen Einsichten tragen viel zum Verständnis der Person bei. Sie widerlegen den weitverbreiteten Irrtum, dass Personalität mit Intellektualität identisch sei. Es kann ein Mensch einen hochentwickelten Verstand haben und doch nur eine Karikatur von Person sein. So ist es verständlich, dass in Diktaturen angeblich sehr gebildete Menschen Handlanger und Mitläufer der Barbarei werden, ohne dabei Gewissensbisse zu empfinden. Das erlaubt die Diagnose, dass sie nur Charaktermasken sind. Denn zur Personalität gehört unabtrennbar das sittlich-ethische Format, und das findet man mitunter bei scheinbar ungebildeten Menschen eher als bei manchen jener Bildungskrüppel, die durch Titel aller Art auf profilierten gesellschaftlichen Rängen platziert sind.

- Aus dem Vorangehenden kann abgeleitet werden, dass die Person als ihr spezifisches Existenzmedium die Liebe benötigt. Nur liebend schwingt sich der Mensch zum Personsein auf. Existiert er lieblos, hat er die Möglichkeiten von Vernunft, Freiheit und Autonomie zumindest partiell verwirkt. Wo immer Personalität in Erscheinung tritt, sehen wir liebende Aktivitäten mancher Art und dies selbst in einer lieblosen Welt. Emotionale Öde der Umwelt ist kein absolutes Hemmnis für die Entwicklung des Gefühls. Der wertempfängliche Mensch wird auch inmitten von Kulturlosigkeit und Beziehungskälte einen emotionalen Raum schaffen, wo Gefühlsaustausch und Einander-Lieben realisierbar sind.

- Die Person hat Treue zu sich selbst. Sie ruht in sich und lässt sich durch Umgebungseinflüsse nicht aus ihrem Fundament reißen. Weil sie sich selbst treu ist, kann sie einem Du und Wir gegenüber treu sein und bleiben. Auch das ist ein Ingrediens der personalen Existenzform. Darum kann ein Treuebruch einen empfindlichen Riss im Personsein bedeuten. Setzt sich jemand mutwillig und willkürlich über dieses Treuegebot hinweg, kann er (oder sie) psychisch oder psychosomatisch erkranken.

Das sieht man etwa dann, wenn Liebende sich trennen, ohne dass eine wirkliche Loslösung stattgefunden hat. Goethe sagt in diesem Zusammenhang in seiner üblichen Lebensweisheit: »In jedem Abschied steckt ein Keim von Wahnsinn.« Er mag wohl an die Trennung der Liebenden gedacht haben, die oft nicht wissen, dass beim sich voneinander Losreißen ein Teil der eigenen Existenz am anderen haften und hängen bleibt und eine Wunde konstelliert, an der man seelisch verbluten kann.

9.2 Auswirkungen von Personalismus auf Erziehung und Selbsterziehung

Wir werden abschließend untersuchen, wie sich die Berücksichtigung des personalistischen Gesichtspunktes auf die Problembereiche von Erziehung und Selbsterziehung auswirkt. Wir vermuten, dass der Personalismus dazu berufen ist, hier grundlegende Wandlungen anzubahnen.

Es ist merkwürdig: Wiewohl die Erziehung nach der berechtigten Meinung von Jean Paul der Hebelarm der Kultur ist, hat die Menschheit im Laufe der Geschichte diesem höchst wichtigen Anliegen nicht allzu viel Aufmerksamkeit geschenkt. Man betrieb das Erziehungsgeschäft gleichsam nebenbei. Was man im Grunde wollte, war fast immer nur die Dressur und Angleichung der heranwachsenden Generation an das jeweils vorherrschende mittlere Menschentum.

Kaum jemand dachte daran, dass in der Erziehung, wie Immanuel Kant formulierte, das Geheimnis der Vervollkommnung der menschlichen Natur steckt. Wozu sollte man einen zukünftigen und besseren Menschentypus heranbilden? Derlei hielt man für unnötig. Dementsprechend konnte die Kultur im Laufe der Jahrtausende überwiegend nur geringe Fortschritte machen.

Will man dem Zeit überdauernden Kulturzwang entgegensteuern und die Ausbildung freier Menschen ermöglichen, muss man zu einer personalistischen Pädagogik übergehen, die einen Bruch mit der bisherigen Vergangenheit bedeutet. Ein solcher Personalismus im Bereich der Erziehung wird folgende Charakteristiken haben:

- Man kann Persönlichkeit im Kind nicht machen und erzeugen, sondern nur begünstigen. Das Handwerkermodell taugt nicht für die Pädagogik; eher schon das Vorbild des Gärtners, welcher den Pflanzen günstige Entwicklungsbedingungen gibt. Wachsen und sich entwickeln muss der Zögling alleine. Der Erzieher hat schon viel getan, wenn er die originären Wachstumskräfte nicht behindert und einengt.
- Die Person im Kinde wird ausgelöscht, sofern in der Kindheit Gewalt und Verängstigung dominieren. Angst ist der Person zerstörende Faktor par excellence. Man erkennt daran, dass die bisherige Pädagogik fast immer personfeindlich war. Den Eltern und Lehrern wurde die unumschränkte Gewalt über ihr Kind zuerkannt, und sie hatten fast die Verpflichtung, diese möglichst drastisch auszuüben.

Daher wurde im Laufe der Zeiten unsäglich viel geprügelt, gedroht und eingeschüchtert; nicht nur im Elternhaus, sondern auch in den Schulen. In den Letzteren galt als Symbol und Hoheitszeichen des Lehrers der Stock. Ähnlich wie im Militär die Soldaten unablässig geprügelt wurden, damit die Disziplin durchgesetzt werden konnte, waren auch die Kinder Opfer einer pädagogischen Grausamkeit, die in uns Heutigen Schauder und Schrecken erweckt. Die sogenannte schwarze Pädagogik war gleichsam universell und ubiquitär.

- Wenn Personalität im Kinde erblüht, ist diese eine Konsequenz von Liebe und Freiheit. Sofern Kinder frei und geliebt heranwachsen, können sie jenen Gefühlsreichtum entfalten, der für das Leben der Person unabdingbar ist. Auch hat Personsein viel mit Selbstachtung und dem Gefühl der inneren Würde zu tun. Werden beide Qualitäten im Erziehungsprozess zerstört, muss man sich nicht wundern, dass der Zögling nur noch für Konformismus und Massendasein tauglich wird.

Genau das wollten Staat und Kirche und die jeweils herrschenden Klassen bisher in überraschender Einmütigkeit. So lag im scheinbaren Wahnsinn der antihumanistischen Erziehung Methode und auch eine Art Pseudovernunft. Man muss früh beginnen, Untertanenmentalität hervorzubringen, wenn gesellschaftliches und ökonomisches Unrecht weiterbestehen soll.

- Jedes normale Menschenkind bringt spontane Neugier und Wissbegierde auf die Welt mit, die man nur walten lassen muss, wenn der Heranwachsende lernfähig und -willig sein soll. Permanentes Lernen ist ein zentrales Aufbauelement der Person. Wird aber der Lernvorgang bloß als Gedächtnistraining aufgefasst, stirbt der Lernwille ab. Es verbleiben entwicklungsunwillige Individuen, die im privaten wie öffentlichen Leben stets den Status quo akzeptieren.

Das ist der autoritären Gesellschaft gar nicht so unrecht. Sie will Werkzeuge für die Wirtschaft und Sozietät, nicht aber freie Menschen, die denken und urteilen können. Hat sie doch die Erfahrung gemacht, dass jene wenigen Persönlichkeiten, die durch die Gunst der Umstände zu einer größeren Entfaltung gelangten, fast regelmäßig unbequeme Bürger, schlechte Soldaten und aufmüpfige Zeitgenossen sind. Dass sie mitunter auch kulturschöpferisch waren, lohnte nicht das Wagnis, den üblichen Konservatismus zu unterhöhlen. Man kam ja auch mit einem Minimum an Kulturentfaltung völlig aus.

- Im Gegenzug hierzu ist eine personalistische Erziehung undogmatisch und antiautoritär und vollzieht sich unter offenem Horizont. Man schadet den Kindern unermesslich, wenn sie unter dem Eindruck stehen, dass es die Wahrheit schon gibt, und dass diese nicht mehr gesucht werden muss. Hierarchische Gesellschaftsordnungen haben großes Interesse daran, verfestigte Weltbilder anzubieten, die keiner Korrektur bedürfen. Sie entmutigen den Forschungseifer, der sie in Gefahr zu bringen pflegt.

Wenn Persönlichkeit entsteht, erscheint ihr die verehrungswürdigste Tradition als bloßes Menschenwerk, vor dem man nicht in die Knie gehen muss. Das freie Individuum hat den Mut, sich seines Verstandes zu bedienen, auch wenn man ihm zur Verängstigung Götter, Götzenbilder und Massenidole entgegenhält. So wird es zum Ferment der Wandlung und Entwicklung, die es aus dem eigenen Inneren auf Kultur und Gesellschaft überträgt.

- Da die Person wesensmäßig durch ihre Abständigkeit zum Kollektiv gekennzeichnet ist, hat sie als eines ihrer Merkmale eine gewisse Vereinsamung. Nun ist soziale Isolierung ein starker Angstfaktor. Wer den individuellen Weg zu sich selbst sucht, bekommt regelmäßig eine Art von Missbilligung seitens seiner Umgebung und der Welt überhaupt zu spüren. Hat der Einzelne nicht die Kraft, Einsamkeit zu ertragen, gibt er lieber seine Personalität auf und gleicht sich ängstlich und sklavisch der Mehrheit an. Am üblichen Konformismus hat die strebende Menschheitskultur ihren ärgsten Widersacher.

Darum hat Friedrich Nietzsche mit Recht betont, dass ein unentbehrliches Ingrediens einer Erziehung zur Freiheit das Fördern jener Fähigkeit ist, die uns Einsamkeit ertragen lässt. Man sieht ohne weiteres, dass sich die heutige Erziehung einer solchen Personwerdung beinahe überall und immer entgegenstellt. Das muss nicht eigentlich ein pädagogischer Programmpunkt sein. Fast instinktiv tendieren die Erzieher dazu, im Zögling übertriebenen Respekt vor der Macht und Meinung der Allgemeinheit zu erzeugen.

- In früheren Jahrhunderten wurden manchmal überragende Persönlichkeiten hervorgebracht, indem diese als Kinder eine besonders intensive Erziehung im Elternhaus und durch Privatunterricht erhielten. Man denke an Michel de Montaigne, Blaise Pascal, Goethe und die Brüder Wilhelm und Alexander von Humboldt. Eine derartige Pädagogik durch unbeschäftigte Väter und Hofmeister war kostspielig, aber sie lohnte sich in nicht wenigen Fällen.

Dann kam der allgemeine Schulzwang, der vor allem das Niveau der unteren Gesellschaftsschichten ein wenig anheben sollte. Das war gut so, doch für elitäre Entwicklungen wurde der Raum eingeengt. Wir fragen uns, ob nicht in Zukunft wiederum kleine pädagogische Provinzen und Freiräume zugelassen werden sollten, wo begabte Kinder eine großzügige Charakter- und Bildungsförderung genießen könnten, wobei eine relative Abgeschiedenheit als positiver Faktor in Kauf genommen wird.

Denn die Peergroup (die Gemeinschaft der Gleichaltrigen) in den dürftigen staatlichen Schulanstalten wirkt oft niederdrückend auf jene sensiblen und geistempfänglichen Kinder, aus denen später Kulturträger werden können. Oft unterliegen die klugen und sensiblen Kinder dabei der Tyrannis durch ihre gröber strukturierten Mitschüler, die ihr intellektuelles Defizit durch Gewaltanwendung zu kompensieren pflegen.

- Aber auch die besten Veranstaltungen werden kein Personsein im Kinde induzieren, wenn Letzteres nicht von Persönlichkeiten umgeben ist, die ihm als Vorbild und Muster dienen können. Personalität zu erwerben ist äußerst schwierig. Hat man nicht Menschen vor Augen, die derlei in Ansätzen verwirklicht haben, wagt man nicht, sich auf den Weg zu machen.
- Es braucht zum Personwerden eine enorme Menge an Mut. Wir definierten den Mut als die Fähigkeit, komplizierte individuelle, soziale und kulturelle Aufgaben zu bewältigen, wobei an militärische Tapferkeit nicht zu denken ist. Mut ist eine Eigenschaft, die eine komplexe Struktur aufweist: Es gehören zu ihr Nebenqualitäten wie Geduld, Hoffnung, Solidarität, Lebenskenntnis, Selbsterkenntnis und Selbstachtung. Alfred Adler war der Meinung, dass nur der wahrhaft gemeinschaftlich orientierte Mensch mutig sein kann. Jede Form von Ich-Haftigkeit und Dissozialität entspringt der Mutlosigkeit und bestärkt diese.
Weil die meisten Menschen ihre Kindheit mit offener oder verborgener Mutlosigkeit und tief verankerten Minderwertigkeitskomplexen verlassen, sind sie zum Aufbau der Person wenig befähigt. Andererseits kommt es zur Ich-Stärke, wenn man gelernt hat, in der Vereinzelung zu leben und gegen den Widerstand der stumpfen Welt anzukämpfen.
- Dies kann man am ehesten, wenn man über eine kraftvolle Vitalität verfügt. Jede Erziehung, welche die Leibhaftigkeit und die Triebbasis der Person schwächt, zerstört die Fähigkeit zum Ich-selbst-Sein und zur Expansion. Das gilt vor allem für die Sexualität. Triebverdrängende Pädagogik verkleinert den Menschen an allen Ecken und Enden. Darum war sie in religiösen und autoritären Zeitaltern so außerordentlich beliebt.

- Zu den vitalen Kräften müssen ideale Motivationen hinzukommen. Sie gilt es der Jugend einzupflanzen. Zum Kanon der klassischen Ideale gehören Vernunft, Freiheit, Fortschritt, Gerechtigkeit, Solidarität und Glaube an eine bessere Zukunft. Das muss in der Pädagogik eigens thematisiert werden, aber die diesbezügliche Botschaft kommt nur an, wenn die Heranwachsenden ihre Disposition zu Eigenwüchsigkeit, Eigenständigkeit und Optimismus entfalten konnten.
- Hat ein Mensch in seiner Jugend echte Ideale kennengelernt und verinnerlicht, besteht fast immer die Garantie, dass er zeitlebens vorangeht und deren Verwirklichung anstrebt. Das ist eine Art Gewissensbildung. Es handelt sich dabei nicht um das autoritäre Über-Ich, welches die Psychoanalyse als verinnerlichte Aggression beschreibt. Eher schon ist es jenes milde Über-Ich, dessen Schaffung das Ziel jeder guten Psychotherapie ist. Ein freundliches und wohlwollendes Über-Ich ist wie ein gütiger Mentor, der einen in allen Lebenssituationen ermutigt.
- Wissenschaften, Künste, Philosophie, humane Politik und Wirtschaft, menschenfreundliche Technik und der »Common Sense« sind Bereiche, in denen die Ideale wurzeln und heimisch sind. Daher kann eine Erziehung zum Personsein die Einführung in diese Sphäre des objektiven Geistes (Hegel) nicht entbehren. Mangel an geistiger Anregung bewirkt Defizite in der Personwerdung. Heutzutage glauben viele, dass man den Kindern die Mühsal geistiger Auseinandersetzungen ersparen soll. Die Folgen für den Erziehungseffekt sind katastrophal.
- Als die Psychoanalyse auf die Pädagogik Einfluss nahm, entstand die irreführende Überzeugung, man müsse die Kinder vor allem vor Frustrationen und Traumatisierungen bewahren. Nur so kämen seelisch gesunde Menschen zustande. Inzwischen

haben wir gesehen, dass auch die psychoanalytischen Pädagogen nur erzieherisches Zwergobst (der Ausdruck stammt vom geistreichen Physiker und Sudelbuch-Verfasser Georg Christoph Lichtenberg im 18. Jahrhundert) produziert haben.

Es hilft wenig, wenn man Kinder in einem psychologischen Treibhaus aufwachsen lässt. Alfred Adler war sogar der Meinung, man solle eine gute Fee darum bitten, einem Kind möglichst viele Schwierigkeiten in die Wiege zu legen, damit es an ihnen die Kraft des Überwindens schulen könne. Gegen die Forderung der Psychoanalytiker, ein Heranwachsender solle viel Liebe bekommen, meinte der Begründer der Individualpsychologie, das soziale und kulturelle Training sei viel wichtiger. Liebe könne man sowieso nicht verlangen, denn die Eltern geben den Kindern natürlicherweise immer so viel davon, als sie aufzubringen vermögen.

- Die Erziehung ist gelungen, wenn sie in lebenslange Selbsterziehung einmündet. Auch das ist ein Merkmal von Personalität. Wo Letztere fehlt, richten sich die Menschen im Status quo ein, nicht ohne eine gehörige Portion von Eitelkeit und Selbstzufriedenheit, die zementiert werden durch narzisstische Ideologien wie Religion, Nationalismus, Rassismus, männliche Überheblichkeit und stolzes Klassenbewusstsein.

Wer Persönlichkeit ist, verzichtet gerne auf diese Kollektivprothesen des Selbstbewusstseins, die im Grunde nur Lebenslügen sind. Die Person steht frei im Raum, und ihre Bezugspunkte liegen nicht in den erwähnten Kollektiven. Sie bezieht sich auf die Menschheit als Ganzes, der sie dienen will, und ihre Wertmaßstäbe erkennt sie im Kosmos der Werte, der ihrem Streben die Richtung weist.

Das sind nur wenige Gesichtspunkte einer personalistischen Pädagogik. Man könnte diese

auch eine philosophische Erziehungslehre nennen. Was der Erziehung nottut, ist eine philosophische und anthropologische Klärung ihrer Theorie und Praxis. Es fehlt nicht an Vorarbeiten dazu, aber man wird zu diesen Einiges hinzufügen müssen. Noch sind wir weit entfernt von jenem Idealzustand, von dem Nietzsche in *Also sprach Zarathustra* sagte, es werde eine Zeit kommen, die keinen höheren Gedanken kennt als Erziehung. Das wird das »Utopia« der Humanisten sein, die Basis einer glücklicheren Menschheit.

Kritiker haben des Öfteren vermerkt, dass man Jahrhunderte lang Pferde und Hunde sorgfältiger erzogen hat als Menschen. Für Letztere hatte man kaum Achtung, Sympathie und Geduld übrig. Auch heute noch wachsen unzählige Menschenkinder unter Bedingungen auf, die aller Menschenwürde Spott und Hohn sprechen, was eigentlich einem Verbrechen an der Menschheit gleichkommt.

Erziehung zur Personalität und Selbsterziehung der personalen Existenz erscheinen als Grundprobleme jeglicher Kulturgestaltung der Zukunft. Alle anderen Wege führen nur zu Vorläufigkeiten, die bestenfalls Vorbereitung für das genannte Endziel sind.

Das wusste schon Goethe, mit dem wir dieses Kapitel begonnen haben. In einem Gespräch mit Eckermann (am 20. Oktober 1830) erzählte der Letztere, er lese gerade einen französischen Autor aus der Schule der Saint-Simonisten, der betonte, dass jeder Mensch sich voll und ganz der Gemeinschaft und Gesellschaft hingeben müsse.

Goethe empfand Unbehagen bei dieser These, und er sagte zu Eckermann, er habe es zeitlebens anders gehalten. Er habe nur daran gedacht, sich selbst und seine Person zu entwickeln, wobei er davon ausging, dass das Resultat solcher Bemühungen durchaus der Kultur und Mitwelt zugutekomme. Der Verweis auf einen absoluten Gemeinschaftsdienst führe oft zur Selbstflucht. Wer aber in sich selbst ruht und alle seine Kräfte und Fähigkeiten entfaltet, sei bereits ein wahrer Mensch. Kein Zweifel, dass Goethe mit diesen

Worten einen wichtigen Sachverhalt anvisiert hat.

Die Natur hat sich im Menschen eine Art krönenden Abschluss der Evolution geschaffen. Dabei hat sie in ihm nicht nur ein vollendetes Naturgeschöpf hervorgebracht, sondern in ihm auch so etwas wie eine Lücke übriggelassen. Sie hat dem Menschen damit einen Freiraum für seine kulturelle Selbstschöpfung oder Personwerdung zugestanden. Man sollte unter allen Umständen diese Chance nützen, die für den Fortbestand der Menschheit unentbehrlich ist.

Stichwortverzeichnis

Printed in the United States
By Bookmasters